7

シリーズ・・・・
数学の世界

野口 廣 監修

数学オリンピック教室

野口 廣 著

朝倉書店

まえがき

—数学好きの諸君に—

数学オリンピックに挑戦してみたいと思う数学好きの生徒諸君や父兄の方々から「何を？どんなふうに勉強したらよいのか？」という質問を度々受けます．この本でも読んでみたら，と言える本をつくりたいと私は永い間考えていました．やっと今回，これでどうだろうという本ができました．

そのようなわけで，この本は読者に数学オリンピックの予選を突破するのに必要な問題解決力を与えようと企画されたものです．

数学オリンピックに出題される数学の題材を「集合と写像」,「代数」,「数論」,「組合せ論とグラフ」,「幾何」の５つの分野に分けて，各分野を１つの章としました．各章では，まずはじめにその分野で必要な記号や概念や主要定理をまとめて述べます．そしてその章に関連した数学オリンピックの出題問題に挑戦します．

概念や定理は証明なしに述べられていますが，将来いずれは勉強するものですから，詳しい証明等々は気にしないで，ここでは実際に使うことによってその意味をよく理解すれば十分だと思います（そうすれば，その証明を自分で考えることもできるでしょう）.

また挑戦はどの章から始めてもいいと思いますし，もちろん１つの章を終わってから次の章へという必要はありません．気ままに，あっちの章こっちの章と，できそうな問題を拾っていくのも１つの方法です．

とにかく，紙と鉛筆と消しゴムを持って，まず講義をざっとみて問題に取り掛かりましょう．問題を読んでウン！これはこうだろうと思ったら，そのとおりにまず進んでみることです．行き止まりに入り込んだら，それも度々だったら，もう止めたと言わないまでもガックリしますね．こんなとき「俺は……」

などと思うのは，とんでもない思い違いです．プロの数学者だって毎日毎日この絶望の中で暮らしているのです．そうしたときは，仕方ないから解答，解説を少し読みましょう．読み切る必要はありません．アアその手かと見当がついたらまた，読むのを止めてその先を考えてみましょう．数学好きの友人や先輩がいるのでしたら，その人たちと議論するのもとてもよい方法でしょう．そうして，また自分ひとりで考え続けます．それを時間の無駄だと思うことはありません．数学者は1年も2年もいや数年にわたってでも，1つの問題を解けるまで考えます．私は年寄りで諸君のように力がありませんので，この本の問題は1題を1週間で解けたら万歳だと思っています．

問題の解き方を何題覚えたかというのではなく，多少のヒントは別として自分で問題を解くことが諸君の才能を大きく成長させるのです．

とはいっても諸君は,「予選で1問題あたりの時間は15分だというのに，それではとても間に合わない」というかもしれません．しかしこれで間に合うのです．予選ではこの本のような解答は要求していません．自信ありと思う答えの見当がついたら，それを答えればよいのです．

最後に，数学オリンピックの本当の目的は金メダルではなく，諸君の数学的な才能が将来に向けて大きく花開くことなのです．Good Luck！

2001年9月

野口　廣

目　　次

1. アイデア ……………………………… 1

1.1　この本の構成 [1] ……………………………… 1

1.1.1　なぜ日本数学オリンピック予選なのか ……………………………… 1

1.1.2　この本で扱う問題 ……………………………… 3

1.2　アイデア ……………………………… 14

1.2.1　数学オリンピックの問題とアイデア ……………………………… 14

1.2.2　アイデアと予備知識 ……………………………… 16

1.3　この本の構成 [2] ……………………………… 17

2. 集合と写像 ……………………………… 19

2.1　集　　合 ……………………………… 19

2.1.1　集合とは ……………………………… 19

2.1.2　数学における集合 ……………………………… 21

2.1.3　集合の表し方 ……………………………… 26

2.1.4　集合の演算・関係式 ……………………………… 28

2.2　関数，写像 ……………………………… 30

2.2.1　関数と写像 ……………………………… 31

2.2.2　関数と逆関数 ……………………………… 37

2.3　集合の 3 つの表示 ……………………………… 42

2.3.1　値域としての表示 ……………………………… 42

2.3.2　座標平面の図形 ……………………………… 44

3. 代　　数 …… 48
3.1 高次方程式 …… 48
3.1.1 複 素 数 …… 48
3.1.2 1の n 乗根 …… 50
3.2 線 形 性 …… 58
3.2.1 線形代数 …… 58
3.2.2 線形独立，線形従属 …… 60

4. 数　　論 …… 64
4.1 合 同 式 …… 64
4.1.1 合同式の定義 …… 65
4.1.2 基本性質 …… 65
4.1.3 合同式を用いる問題 …… 67
4.1.4 中国式剰余定理 …… 74
4.2 その他のテクニック …… 77
4.2.1 不 等 式 …… 77
4.2.2 数の表記 …… 79
4.2.3 パラメータ表示 …… 82

5. 組合せ論とグラフ …… 85
5.1 順列，組合せ …… 85
5.1.1 順　　列 …… 85
5.1.2 組 合 せ …… 87
5.2 その他のテクニック …… 89
5.2.1 包除原理 …… 89
5.2.2 鳩の巣原理 …… 91
5.3 組合せ論の問題 …… 92
5.3.1 素朴な解法—とにかく数える …… 92
5.3.2 アイデア …… 95
5.4 グ ラ フ …… 99

5.4.1　グラフとは …… 99

6. 幾　　何 …… 106

6.1　平面幾何 …… 106

6.1.1　ユークリッド幾何の定理 …… 106

6.1.2　2 次曲線 …… 109

6.2　空間幾何 …… 115

6.2.1　ベクトル …… 115

6.2.2　空間ベクトルの外積 …… 116

あとがき …… 127

索　　引 …… 131

1
アイデア

最初に，この本の構成について述べておくべきであろう．次に，数学オリンピックにおける最も重要な構成要素，“アイデア”について検討し，その後で，もう一度，この本の構成についての話に立ち戻る．

1.1　この本の構成 [1]

1.1.1　なぜ日本数学オリンピック予選なのか

この本の目的は，1999 年度と 2000 年度日本数学オリンピック（JMO）の予選の問題を題材として，読者を数学オリンピックの世界へ招待することである．

数学オリンピックには日本数学オリンピック予選，日本数学オリンピック本選，国際数学オリンピックとあるが，なんといっても花形は国際数学オリンピック（IMO）である．そのため，なにかと取り上げられるのは，国際数学オリンピックの出題問題であり，それを紹介する本ならば，書店の数学書コーナーにも何冊か並んでいる．しかし，数学オリンピックの世界へ向けての最初の一歩としては，国際数学オリンピックの問題はあまりにも難しすぎ，普通の数学好きの若者が読んで数学オリンピックの世界へ誘われるというレベルのものではない．また，その難しさの質についていうならば，鍵となるアイデアに至るまでの難しさだけでなく，解答の道筋をつかんでから本当に解答として完成させる段階での難しさも，負けずに大きいといわざるを得ない．また，解答も記述式であるため，推論を文章として表現する能力も必要になってくる（そして困ったことに,「記述された証明として優れたものに仕上げるほど，元のアイデアがみえにくくなる」というケースがよくある）．もちろん，アイデアを完成させ，きちんと記述する力を身につけることも大切であり，また，いきなり超難問に挑戦するのも，それはそれで魅力的な道である．しかし，ここでは別の道をとって，数学オリンピック関係の試験の中では比較的やさしい日本数学オリンピック予選の問題（以下，予選問題という）を題材として選んだ．予選問題を選んだメリットとして期待しているのは次の点である．

(1) 難しさのレベルが適度である．本選や IMO に比べれば適度というだけで，やはり難問ではあるが．

(2) 解決の道筋をつかんでからのプロセスが，比較的すっきりしている問題が多い．

(3) 答えだけを要求する出題形式なので,「どのように記述するか」というテクニックから離れて，アイデアを味わうことができる．

(2)，(3) について言うならば，要するに「数学の一番おいしいところだけを味わってやろう」ということで，あまり高いモラルの話ではないのだが……．これでよいことにしよう．

さて，予選問題を選ぶ代償は「国際数学オリンピックほど華やかでない」ということだろう．しかし，国際数学オリンピックは体操で言うならばウルトラ D の世界なのだ．なにも最初からそれを練習しなくてもよいのではないだろうか．予選問題でも十分にプロの数学者が楽しめる問題なのだから．特に最近の日本数学オリンピックでは，問題の作成や選別に数学オリンピック OB の若手が携わっているだけあって，できの良い問題がそろっている．せっかくだから，それを利用することにしよう．

このようなわけで，1999 年度と 2000 年度日本数学オリンピック予選の問題を題材として，この本を構成することとした．

この節の最後に，まず，実際の試験と同じ形で，それらの問題をまとめて掲載してある．次に，問題を以後の本文に登場する順番に並べ替えたうえで，該当するページを添付して再掲してある．

この本の使い方はいろいろあると思うが，たとえば最初に，試験に臨んでいるつもりで問題にチャレンジしてみるという手もある．また，問題をざっとみて，面白そうな問題があったら，その本文該当ページ（解答もそのすぐ後にある）の近辺から読み始めるということもできる．もっとも，標準プランは，やはり「本はページ順に読む」ということなのだが．

これからの章は,「集合，写像」,「代数」,「数論」,「組合せ論とグラフ」,「幾何」と続く．それら各章についての説明に移る前に，次の節では数学オリンピックで最も大切な“アイデア”というものについて検討しておこう．しかし，その前に，先ほど予告したとおり問題をまとめて掲載しておく．

1.1.2　この本で扱う問題

a. 1999 年度日本数学オリンピック予選

1.　10 円玉，50 円玉，100 円玉がそれぞれ十分多くある．これらのうちから何個か（0 個のものがあってもよい）取り出して，その合計金額を 1000 円とする方法は何通りあるか．

2.　(X, Y) を直線 $-3x+5y=7$ 上の格子点とするとき，$|X+Y|$ の最小値を求めよ．ただし格子点とは x 座標，y 座標がともに整数である点のことをいう．

3.　$1991 \leqq n \leqq 1999$　である自然数 n で，次の性質を満たすものすべてを求めよ．

「n の 3 乗 n^3 を一の位から左へ 3 桁ずつに区切ってできる数の和は n に等しい」．

（例）$n = 1990$　としてみると，$1990^3 = 7,880,599,000$.　よって 和 $= 7+880+599+000 = 1486 \neq 1990$ で上の性質を満たさない．

4.　一辺の長さが 1 の立方体 $ABCD$–$EFGH$ を，対角線 AG を含む平面で切断するとき，切り口の面積の最小値を求めよ．

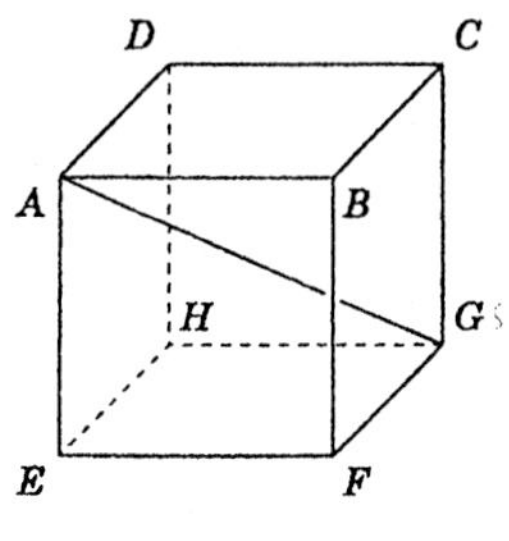

5. 次の規則に従って得点するゲームを考える．

「サイコロを 1 回振って，1，2，3 のいずれかが出れば 2 点，4，5 のいずれかが出れば 1 点，6 が出れば 0 点を得る」．

サイコロを繰り返し n 回振って，得点の合計が k になる確率を $p_n(k)$ と表す．

$$\frac{p_n(n+k)}{p_n(n-k)} \qquad (0 \leqq k \leqq n)$$

をできるだけ簡単な式で表せ．

6. 3 辺の長さがそれぞれ $AB=4$，$BC=6$，$AC=5$ の三角形 ABC の辺 BC 上に点 P をとり，P より 2 辺 AB, AC へ下ろした垂線の足をそれぞれ M, N とする．M, N 間の距離を最小にするような P の位置を P_0 としたとき BP_0 の長さを求めよ．

7. $\frac{1999!}{10^n}$ が整数となるような自然数 n の最大値，およびこのときの $\frac{1999!}{10^n}$ の一の位の数字を答えよ．

8. 三角形 ABC で $\angle A=60°$，$\angle B=20°$，$AB=1$ のとき，$\frac{1}{AC}-BC$ の値を求めよ．

9. $n=\frac{abc+abd+acd+bcd-1}{abcd}$ が整数となるような 自然数 $a \geqq b \geqq c \geqq d > 1$ の組 (a,b,c,d) をすべて求め，その a の値をすべて答えよ．

10. 一辺の長さ 1 の正二十面体の最も長い対角線の長さを求めよ．

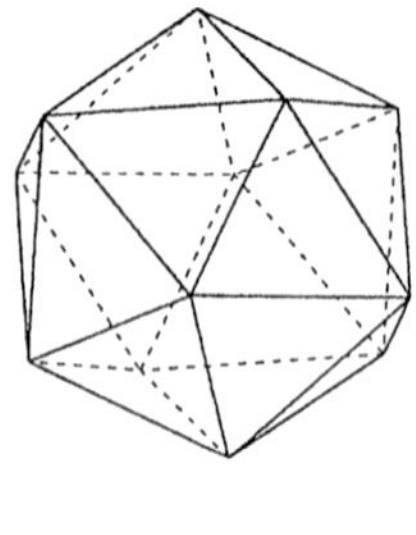

11.　n を自然数とし，$i=\sqrt{-1}$，$\alpha=\cos\left(\frac{2\pi}{n}\right)+i\sin\left(\frac{2\pi}{n}\right)$ とする．m を自然数で $1 \leqq m \leqq n$ とする．このとき，次の和を計算して 1 つの分数式で表せ．

$$\sum_{k=0}^{n-1}\frac{\alpha^{mk}}{x-\alpha^k}$$

12.　$n\ (\geqq 3)$ 個の空港の間に以下の (1)，(2)，(3) の条件を満たすように直行便を開設するとき，開設の仕方は何通りあるか．

(1) どの相異なる 2 つの空港 A, B の間にも A より B への，あるいは B より A への直行便のどちらか一方を必ず開設する．

(2) A より B への直行便と，B より A への直行便が両方開設されるような 2 つの空港 A, B は存在しない．またどの空港 A でも A より A への直行便はない．

(3) ある空港 C より出発し，直行便を乗りついで，また C に戻ってこられる空港 C が少なくとも 1 つ存在する．

b. 2000 年度日本数学オリンピック予選

1.　下図のように 直角三角形内に 3 つの正方形と 3 つの円 O, O_1, O_2 があり，各円はそれぞれを含む小直角三角形の内接円であり，O, O_2 の直径の長さはそれぞれ 9, 4 である．円 O_1 の直径の長さを求めよ．

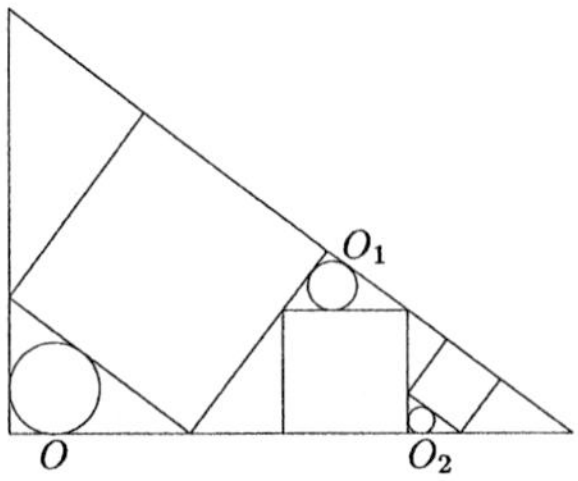

2.　$3a+5b$（ただし，a,b は 0 以上の整数）の形で表せない自然数の最大値を求めよ．

3.　平面上に点 O を通る直線 l と，一辺の長さ 1 の正三角形 OAB がある．ただし，辺 AB と l は交点を持たないとする．頂点 A,B から l に下ろした垂線と l との交点をそれぞれ A',B' とするとき，$AA'+BB'$ のとりうる最大値を求めよ．ここで 2 点 X,Y に対して XY はその間の距離を示す．

4.　一歩で 1 段，2 段，または 3 段を登れる人が，7 段の石段を登る．何通りの登り方があるか．ただし途中で下りたり，足踏みしたりはしないものとする．

5.　図のような一辺の長さ 1 の立方体 $ABCD$–$EFGH$ があり，辺 CD の中点を K，辺 DH の中点を L，辺 EF の中点を M，辺 FB の中点を N とする．八面体 A–$KLMN$–G の体積を求めよ．

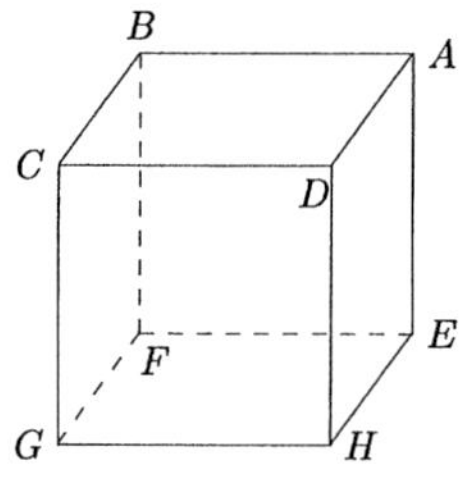

6.　n を自然数とする．有理数係数の $2n$ 次方程式

$$x^{2n}+a_1x^{2n-1}+a_2x^{2n-2}+\cdots+a_{2n-1}x+a_{2n}=0$$

の解は，すべて

$$x^2+5x+7=0$$

の解にもなっている．このとき係数 a_1 の値を求めよ．

7.　自然数 n に対して，$0 \leqq x < x+y < y+z \leqq n$ を満たす整数の組 (x, y, z) の総数を求めよ．

8.　${}_{40}C_{20}$ を 41 で割った余りを求めよ．

9.

$$\sum_{k=1}^{100}\left(\left[\frac{k^2}{100}\right]+[10\sqrt{k}]\right)$$

を求めよ．ただし，$[x]$ は x を超えない最大の整数のことである．

10.　1 か 2 か 3 の数字が書かれたカードがそれぞれ十分たくさんある．その中からそれぞれの数字のカードを奇数枚ずつ合計 1999 枚を選び，一列に並べる．この方法は何通りあるか．

11.　四角形 $ABCD$ があり，$AD /\!/ BC, \angle ABC = \angle BDC = \frac{1}{2}\angle ACB$ であり，直線 BD は $\angle ABC$ の 2 等分線になっているとする．このとき $\angle ABC$ を求めよ．

12.　数列 $a_1, a_2, a_3, \cdots, a_{30}$ は以下の条件 (i)，(ii) を満たす．このような数列は何通りあるか．

条件

(i)　$a_1, a_2, a_3, \cdots, a_{30}$ は自然数 $1, 2, 3, \cdots, 30$ の並べ換えである．

(ii)　m が $2, 3, 5$ のそれぞれの場合，$1 \leqq n < n+m \leqq 30$ となる任意の n に対して，$a_{n+m} - a_n$ は m で割り切れる．

（注）　たとえば，$a_1 = 1, a_2 = 2, a_3 = 3, \cdots, a_{30} = 30$ は条件 (i)，(ii) を満たす．

c. 掲載順問題集

— 問題 1. — 2000 [3]

平面上に点 O を通る直線 l と，一辺の長さ 1 の正三角形 OAB がある．ただし，辺 AB と l は交点を持たないとする．頂点 A, B から l に下ろした垂線と l との交点をそれぞれ A', B' とするとき，$AA' + BB'$ のとりうる最大値を求めよ．ここで 2 点 X, Y に対して XY はその間の距離を示す．

(p.15)

— 問題 2. — 2000 [1]

下図のように 直角三角形内に 3 つの正方形と 3 つの円 O, O_1, O_2 があり，各円はそれぞれを含む小直角三角形の内接円であり，O, O_2 の直径の長さはそれぞれ 9, 4 である．円 O_1 の直径の長さを求めよ．

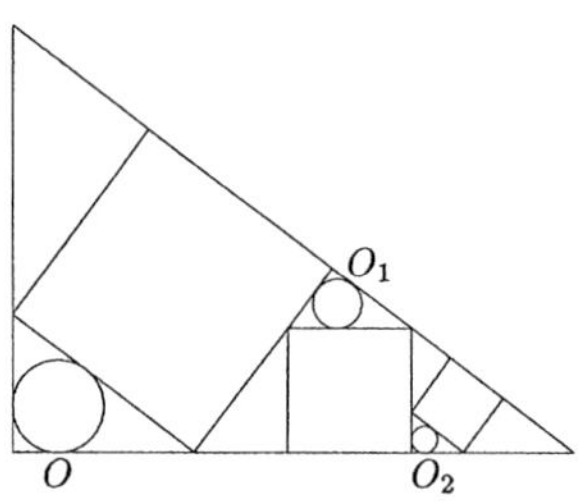

(p.15)

— 問題 3. — 2000 [9]

$$\sum_{k=1}^{100}\left(\left[\frac{k^2}{100}\right] + [10\sqrt{k}]\right)$$

を求めよ．ただし，$[x]$ は x を超えない最大の整数のことである．

(p.42)

— 問題 4. — 1999 [2]

(X, Y) を直線 $-3x+5y=7$ 上の格子点とするとき，$|X+Y|$ の最小値を求めよ．ただし格子点とは x 座標，y 座標がともに整数である点のことをいう．

(p.46) —

— 問題 5. — 1999 [11]

n を自然数とし，$i=\sqrt{-1}$，$\alpha=\cos\left(\frac{2\pi}{n}\right)+i\sin\left(\frac{2\pi}{n}\right)$ とする．m を自然数で $1 \leqq m \leqq n$ とする．このとき，次の和を計算して 1 つの分数式で表せ．

$$\sum_{k=0}^{n-1} \frac{\alpha^{mk}}{x-\alpha^k}$$

(p.55) —

— 問題 6. — 2000 [6]

n を自然数とする．有理数係数の $2n$ 次方程式

$$x^{2n}+a_1x^{2n-1}+a_2x^{2n-2}+\cdots+a_{2n-1}x+a_{2n}=0$$

の解は，すべて

$$x^2+5x+7=0$$

の解にもなっている．このとき係数 a_1 の値を求めよ．

(p.62) —

— 問題 7. — 2000 [2]

$3a+5b$（ただし，a, b は 0 以上の整数）の形で表せない自然数の最大値を求めよ．

(p.67) —

— 問題 8. — 2000 [8]

${}_{40}C_{20}$ を 41 で割った余りを求めよ．

(p.68) —

— 問題 9. — 1999 [7]

$\frac{1999!}{10^n}$ が整数となるような自然数 n の最大値，およびこのときの $\frac{1999!}{10^n}$ の一の位の数字を答えよ．

(p.71) —

— 問題 10. — 2000 [12]

数列 $a_1, a_2, a_3, \cdots, a_{30}$ は以下の条件 (i)，(ii) を満たす．このような数列は何通りあるか．

条件

(i) $a_1, a_2, a_3, \cdots, a_{30}$ は自然数 $1, 2, 3, \cdots, 30$ の並べ換えである．

(ii) m が $2, 3, 5$ のそれぞれの場合，$1 \leqq n < n + m \leqq 30$ となる任意の n に対して，$a_{n+m} - a_n$ は m で割り切れる．

（注）たとえば，$a_1 = 1, a_2 = 2, a_3 = 3, \cdots, a_{30} = 30$ は条件 (i)，(ii) を満たす．

(p.76) —

— 問題 11. — 1999 [9]

$n = \frac{abc+abd+acd+bcd-1}{abcd}$ が整数となるような 自然数 $a \geqq b \geqq c \geqq d > 1$ の組 (a, b, c, d) をすべて求め，その a の値をすべて答えよ．

(p.77) —

— 問題 12. — 1999 [3]

$1991 \leqq n \leqq 1999$　である自然数 n で，次の性質を満たすものすべてを求めよ．

「n の 3 乗 n^3 を一の位から左へ 3 桁ずつに区切ってできる数の和は n に等しい」．

（例）$n = 1990$ としてみると，$1990^3 = 7,880,599,000$. よって 和 $= 7 + 880 + 599 + 000 = 1486 \neq 1990$ で上の性質を満たさない．

(p.81)

— 問題 13. — 1999 [1]

10 円玉，50 円玉，100 円玉がそれぞれ十分多くある．これらのうちから何個か（0 個のものがあってもよい）取り出して，その合計金額を 1000 円とする方法は何通りあるか．

(p.93)

— 問題 14. — 2000 [4]

一歩で 1 段，2 段，または 3 段を登れる人が，7 段の石段を登る．何通りの登り方があるか．ただし途中で下りたり，足踏みしたりはしないものとする．

(p.95)

— 問題 15. — 2000 [7]

自然数 n に対して，$0 \leqq x < x + y < y + z \leqq n$ を満たす整数の組 (x, y, z) の総数を求めよ．

(p.96)

— 問題 16. — 2000 [10]

1 か 2 か 3 の数字が書かれたカードがそれぞれ十分たくさんある．その中からそれぞれの数字のカードを奇数枚ずつ合計 1999 枚を選び，一列に並べる．この方法は何通りあるか．

(p.97)

― 問題 17. ― 1999 [12]

n ($\geqq 3$) 個の空港の間に以下の (1), (2), (3) の条件を満たすように直行便を開設するとき，開設の仕方は何通りあるか．

(1) どの相異なる 2 つの空港 A, B の間にも A より B への，あるいは B より A への直行便のどちらか一方を必ず開設する．

(2) A より B への直行便と，B より A への直行便が両方開設されるような 2 つの空港 A, B は存在しない．またどの空港 A でも A より A への直行便はない．

(3) ある空港 C より出発し，直行便を乗りついで，また C に戻って来られる空港 C が少なくとも 1 つ存在する．

(p.102) ―

― 問題 18. ― 1999 [5]

次の規則に従って得点するゲームを考える．

「サイコロを 1 回振って，1，2，3 のいずれかが出れば 2 点，4，5 のいずれかが出れば 1 点，6 が出れば 0 点を得る」．

サイコロを繰り返し n 回振って，得点の合計が k になる確率を $p_n(k)$ と表す．

$$\frac{p_n(n+k)}{p_n(n-k)} \qquad (0 \leqq k \leqq n)$$

をできるだけ簡単な式で表せ．

(p.104) ―

― 問題 19. ― 1999 [6]

3 辺の長さがそれぞれ $AB=4$, $BC=6$, $AC=5$ の三角形 ABC の辺 BC 上に点 P をとり，P より 2 辺 AB, AC へ下ろした垂線の足をそれぞれ M, N とする．M, N 間の距離を最小にするような P の位置を P_0 としたとき BP_0 の長さを求めよ．

(p.111) ―

— **問題 20. — 1999 [8]** —

三角形 ABC で $\angle A = 60°$, $\angle B = 20°$, $AB = 1$ のとき, $\frac{1}{AC} - BC$ の値を求めよ.

(p.112) —

— **問題 21. — 2000 [11]** —

四角形 $ABCD$ があり, $AD /\!/ BC, \angle ABC = \angle BDC = \frac{1}{2}\angle ACB$ であり, 直線 BD は $\angle ABC$ の 2 等分線になっているとする. このとき $\angle ABC$ を求めよ.

(p.112) —

— **問題 22. — 1999 [10]** —

一辺の長さ 1 の正二十面体の最も長い対角線の長さを求めよ.

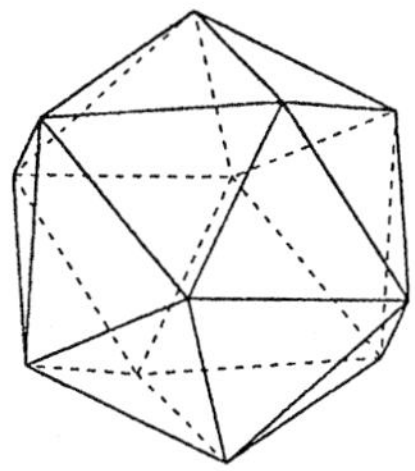

(p.120) —

— **問題 23. — 1999 [4]** —

一辺の長さが 1 の立方体 $ABCD$–$EFGH$ を, 対角線 AG を含む平面で切断するとき, 切り口の面積の最小値を求めよ.

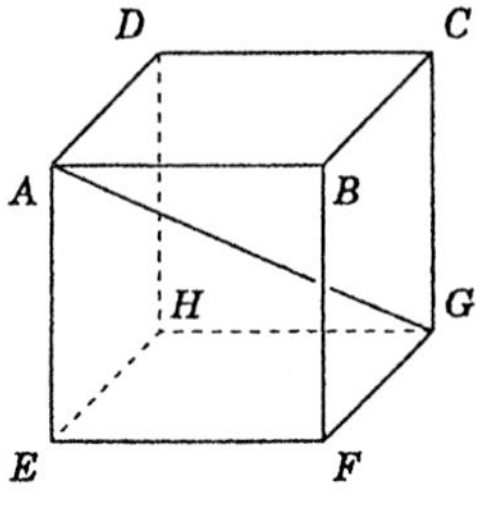

(p.121) —

— 問題 24. — 2000 [5]

図のような一辺の長さ 1 の立方体 $ABCD$–$EFGH$ があり，辺 CD の中点を K，辺 DH の中点を L，辺 EF の中点を M，辺 FB の中点を N とする．八面体 A–$KLMN$–G の体積を求めよ．

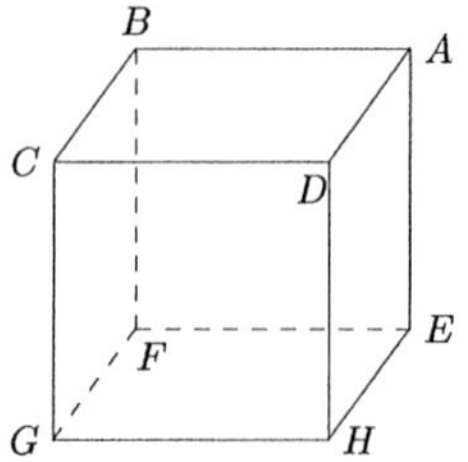

(p.124) —

1.2 アイデア

大学の入学試験は，入学後の勉強についていけるかという適性試験である以上に，高校でちゃんと勉強したかを問う“学習成果評価試験”である面が大きい．したがって，出題問題も，素直に勉強の成果を問う問題，つまり努力が報われる問題が理想とされ，いわゆる“奇問”は非難の対象とされる．一方，数学オリンピックの問題で理想とされる問題は，ひとことで言うならば“面白い問題”である．国際数学オリンピックの目的が「若い数学の才能を発掘しエンカレッジする」であることからもわかるように，ありきたりの知識の積み重ねや，訓練の繰り返しで得られる能力の守備範囲を外した，斬新なアイデアを必要とする問題が良問とされるのだ．

1.2.1 数学オリンピックの問題とアイデア

まず，問題を解いてみよう．

— 問題 1. — 日本数学オリンピック予選 2000 [3]

平面上に点 O を通る直線 l と，一辺の長さ 1 の正三角形 OAB がある．ただし，辺 AB と l は交点を持たないとする．頂点 A, B から l に下ろした垂線と l との交点をそれぞれ A', B' とするとき，$AA' + BB'$ のとりうる最大値を求めよ．ここで 2 点 X, Y に対して XY はその間の距離を示す．

[解答] 辺 AB の中点を M とし，M から l に下ろした垂線と l との交点を M' とすると，$2MM' = AA' + BB'$ である．

よって求める最大値は線分 MO が l に垂直のときで，$2MM' = 2MO = 2 \times \sqrt{3}/2 = \sqrt{3}$.

Ans. $\sqrt{3}$

「中点 M を考える」ことを思いついたとたんに問題は終わったようなものだ.「このようなタイプの問題では中点に着目」とかいったノウハウがあるわけではないので，アイデアを思いつくかどうか，ということが分かれ目となる．もちろん，単純に計算をして解くこともできるのだが，時間はかかりそうだ．

それでは，もう一題．

— 問題 2. — 日本数学オリンピック予選 2000 [1]

下図のように 直角三角形内に 3 つの正方形と 3 つの円 O, O_1, O_2 があり，各円はそれぞれを含む小直角三角形の内接円であり，O, O_2 の直径の長さはそれぞれ 9, 4 である．円 O_1 の直径の長さを求めよ．

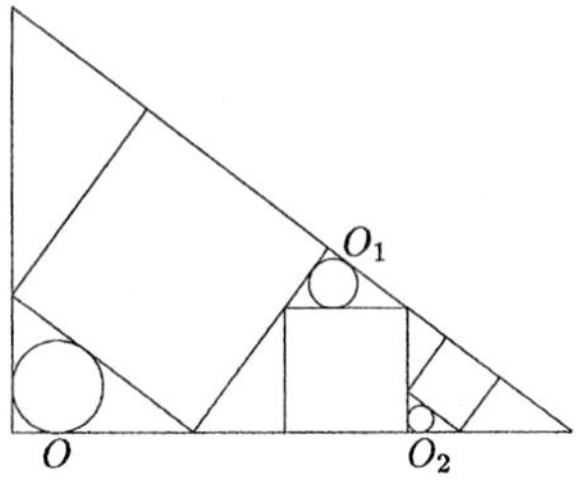

なお，この図は 1853 年に佐々木萬蔵が陸奥の国（現在の岩手県）三陸綾里八幡神社に奉納した算額から取ったものである（1999 年 1 月 30 日に菅原通氏が発見（私信による），同 7 月 9 日に岩手日報に掲載されたと前川太市氏より知らされた）.

［解答］ 予選であるから解答は答えの 6 のみで，その証明は書かないでよい．しかし，この数を導くための直感的な道筋を書くとすると，一応次のようになる．

O, O_1, O_2 の直径の長さを R, R_1, R_2 とする．下図で「$\triangle ABC$ と $\triangle A_1B_1C$ また $\triangle A_1B_1C$ と $\triangle A_2B_2C$ は相似であり，O と O_1，O_1 と O_2 がそれぞれ対応する」．よって $R : R_1 = R_1 : R_2$．故に ${R_1}^2 = RR_2 = 36$，$R_1 = 6$．**Ans.　6**

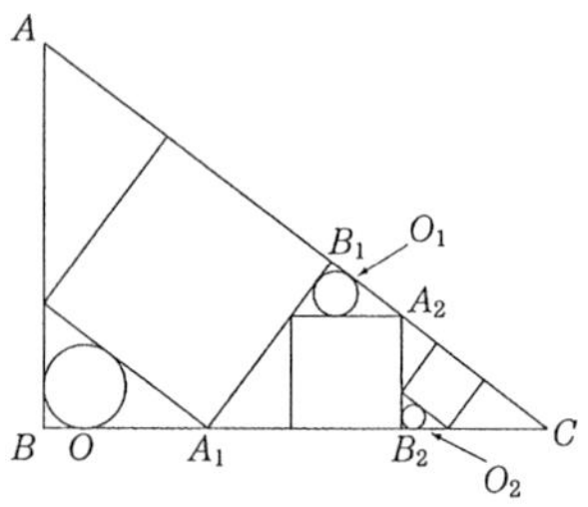

この問題についていうならば，“アイデア”は解く側よりも問題を考えた側にあるといえそうだ．問題自身がとても面白い．ところで，これが記述式で，しかもきちんとした証明を要求する問題ならば,「直角三角形に上の図のような意味で内接する正方形が一意に存在する」ということを証明することが焦点となるのかもしれない．しかし,「……を求めよ」と答えを要求する形式で出題している以上，そもそも問題文が「一意に存在すること」を前提としているともいえそうだ．ともかく，答えだけ書けばよいので，証明は必要なく，この問題については，フラクタル図形のように相似な図形が縮小していくありさまを観賞すればよいだろう．

1.2.2 アイデアと予備知識

上でみた問題は，どちらも普通の高校生が持っている予備知識以上のものは必要としない．数学オリンピックの問題がこのような問題だけならば，この本はいらない．しかし，実際には，高校で学ぶ他にもある程度の予備知識は必要であり，また「数学オリンピックに向けた勉強」もある程度は必要なのだ．数学オリンピックは高校生（以下）を対象とした数学コンテストであるはずなのに，このように特別の勉強が必要になる理由は，おおざっぱに単純化していうならば，次のようになる．

(1) 高校で教えるテーマのうちのいくつかは，その扱われ方があまりにも表面的であり，高校での勉強に頼ったのでは使いこなすことができない．
(2) 国際数学オリンピックは数十年の歴史があるので，“過去問の積み重ね”として自然に“理論”ができてしまっている．
(3) 数学における“理論”は，過去の数学者がさまざまな問題を解決する際に生み出したアイデアの蓄積を結晶して誕生したもの，ともいえる．したがって，喩えていうならば「アイデアという肥やしから育った野菜を摂取することにより，元々の肥やしも身につけることができる」ということだ（いやな喩えだなあ）．

そして，これらの理由により，この本が必要となるのだ．

1.3 この本の構成 [2]

以上をふまえて，この本の構成を紹介しよう．

まず，上の理由 (1) で述べた高校の教科書が頼りにならないテーマは,「集合」,「論理」といったあたりだ．また,「関数」の扱いも（集合をまともに扱わない以上やむを得ないのだが），やや古典的で,「写像」として理解して使いこなすまでには至っていない．これらのテーマをカバーするため，第 2 章「集合と写像」を用意した．ここは“高校数学”から“現代数学”への橋渡しとしても重要なところなので，かなりのページを使って丁寧に説明した.「論理」についても，本当はきちんと扱いたいところなのだが，ページ数の関係もあって「中途半端に述べて混乱を招くよりはまし」と，触れないことにした．

第 3 章からの各章の存在理由は，(2)，(3) である．幸いなことに，国際数学オリンピックと違って日本数学オリンピック予選の問題では，それほど進んだ

“理論” はできあがってしまっていない（国際数学オリンピックでは過去問の蓄積から「オイラーの定理」などというものまで “期待される予備知識” になってしまっている）．第 3 章以下の各章では，数学オリンピックに向けて知っていた方がよい予備知識を精選して，簡潔に説明してある．そこで紹介する “定理” は，いわば “野菜” である．それを摂取することにより，アイデアを生み出す “数学的センスのよさ” が伸びることも期待されているわけだ．

最初の節に掲載した問題は，それぞれ関連した章に配置されている．問題によっては，それぞれの章への関連付けという点に関して，やや無理が感じられるものもあると思う．言い訳をしておこう：

> どの問題も，数学オリンピックの問題だけのことはあって，それなりの工夫を要する．したがって，どの問題にとっても，本当にふさわしい章は「アイデア」という名のついた第 1 章である．

2

集 合 と 写 像

集合は高校で勉強することになっている．また，写像というものも，要するに関数のことであり，これも中学・高校で勉強する．しかし，数学オリンピックでの—というよりは“数学での”といった方が適切かもしれないが—それらの概念の重要性は高校数学におけるよりも遥かに大きく，また，扱い方の感性も高校で教えるものとは多少異なっている．もう少しはっきりいうならば，高校の教科書での集合（と論理）の扱いは，なんとも中途半端であり，あまりよくない．乏しい授業時間での，しかも大学受験を控えての授業の事情を考えれば，高校の教科書がこうなるのもやむを得ないのかもしれないが，少なくとも，自分で読んで勉強する本としてふさわしくないことは確かである．

そこで，集合については，教科書の内容には一切頼らず，最初から丁寧に説明することにしよう．また，関数についても説明を補充する．関数の概念は数学の歴史の中でかなり変化を遂げてきたものであるだけに，いろいろな見方が混じって使われている．そのため，関数については「わかっているのだけど，なにか釈然としないものが残る」というところではないだろうか．よい機会なので，簡単にそのあたりの“混乱”を調べてみることにしよう．

2.1 集 合

2.1.1 集 合 と は

a. 集 合 の 例

集合とは“ものの集まり”のことである．

これで，“説明”は終わりなのだが，そういわれてもなんのことだかよくわからない．集合というものを理解するためには，とにかく集合の例をいくつもみて，明確なイメージを形づくってゆくのがよい．

例 1. 20 以下の素数の集合．この集合は

$$\{2,3,5,7,11,13,17,19\}$$

と表される．$2,3,5,7,11,13,17,19$ のそれぞれをこの集合の**要素**とよび，記号 “$\in$” を用いて，たとえば

$$5 \in \{2,3,5,7,11,13,17,19\}$$

のように表す．また，

$$\{2,3,5,7,11,13,17,19\} \ni 5$$

と書いてもよい．

これは数学での “まっとうな” 集合の例である．次は “日常的な” 集合の例にいこう．

例 2. サラダ，パスタ，デザート，コーヒーの集合．これを文字 A で表すと

$$A = \{\text{サラダ，パスタ，デザート，コーヒー}\}$$

となる．

集合は英語では「set」（セット）である．「集合」という言葉には，どうしても「集まれ！」とか「“集合” 時間」といった「実際に集まる」というニュアンスがあってよくない．カタカナ語の「セット」という言葉が，数学での「集合」の語感にフィットしているようだ．上の例の「集合 A」はカタカナ語では「セット A」となり，語順を変えれば「A セット」となる．要するに，レストランとか喫茶店のメニューにある「A セット」と同じことである．

b. 集合が “等しい” ということ

集合について重要なことは「なにがその要素であって，なにがその要素でないか明確に決まる」ということである．2 つの集合 A, B が等しいということは，

> A の要素はいつでも B の要素であり，また，B の要素はいつでも A の要素であること

と定めることになる．集合 A と B が等しいことを，$A = B$ で表す．

とりたてて言うこともなさそうな定義だが，いくつか注意をしておこう．

(1) もちろん，$\{2,3\} = \{3,2\}$ である．

(2) さらに，$\{2,3,3,2,2\}$ のように要素を重複して表記することも許容することにする．この集合の要素は 2 と 3 だけだから，$\{2,3,3,3,2\} = \{2,3\}$ となる．

(3) $\{2,3,3,2,2\}$ は「3 個の 2 と 2 個の 3 の集合」ではなく，あくまでも，$\{2,3,3,2,2\} = \{2,3\}$ だということである．

本当は,「3 個の 2」という表現自体，世界に 2 は 1 つしか存在しないので，無意味なのだ．世界に 2 は 1 つしか存在しないということは，見落としがちだが大切な事実である.「2 個のりんご」や「2 個のボール」ならいくらでも存在するが，それらを抽象化した "2" は 1 つしか存在しないのだ．したがって，集合 $\{2,3\}$ も 1 つしか存在せず，"等しい" ということの意味が紛れなく定まる．

ところが，これが｛コーヒー，サラダ，パスタ，デザート，コーヒー｝ともなると「サラダ，パスタ，デザートとコーヒー 2 杯の集合」と考えたくなって，どうも例としてうまくない．日常的な例だと，この他にもいくらでも危なっかしい点が出てきて，なにかと混乱の元となる．

これから登場する集合は，いずれも集合 $\{2,3,5,7,11,13,17,19\}$ のように数学の世界での "もの" を対象とした，きっちりとしたものばかりである．目的は数学の世界で集合を使うことなのだから，親しみのもてそうな日常的な例でいらぬ混乱を持ち込むよりも，数学らしい集合を例にして考える方がよっぽどよい．

2.1.2　数学における集合

a. $\mathbb{N}, \mathbb{Z}, \mathbb{Q}, \mathbb{R}, \mathbb{C}$

それでは，数学らしいまともな集合の例に移ろう．まず，これからよく使う集

合として

自然数の集合 $\mathbb{N}$ 正整数 $1, 2, 3, 4, \cdots$ の集合
$\{1, 2, 3, 4, \cdots\}$

整数の集合 $\mathbb{Z}$ 整数 $\cdots, -3, -2, -1, 0, 1, 2, 3, \cdots$ の集合
$\{\cdots, -3, -2, -1, 0, 1, 2, 3, \cdots\}$

有理数の集合 $\mathbb{Q}$ いわゆる“分数”の集合のこと．ただし整数も分母が 1 の分数として表されるので有理数である．

実数の集合 $\mathbb{R}$ “小数で表される数”の集合とでもいえばわかると思う（本当は，これでは定義になっていないのだが）．

複素数の集合 $\mathbb{C}$ 高校で勉強する，複素数すべてからなる集合．

これらはいずれも，要素の個数は有限個ではない．要素の個数が有限の集合を**有限集合**，要素が無限個ある集合を**無限集合**というが，上の集合はいずれも無限集合である．

それでは，ここでもう1つ記号“$\subset$”を導入しておこう．2つの集合 A と B に対して，A の要素がいずれも集合 B の要素であるとき，集合 A は集合 B の**部分集合**であるといい，

$$A \subset B \quad \text{または} \quad B \supset A$$

と表す．

この記号を用いると

$$\mathbb{N} \subset \mathbb{Z}, \quad \mathbb{Z} \subset \mathbb{Q}, \quad \mathbb{Q} \subset \mathbb{R}, \quad \mathbb{R} \subset \mathbb{C}$$

となる．これらをまとめて

$$\mathbb{N} \subset \mathbb{Z} \subset \mathbb{Q} \subset \mathbb{R} \subset \mathbb{C}$$

と書いてもよい．

b. ペア，トリプル，順序 n-対

集合 $\{5, 7\}$ は集合 $\{7, 5\}$ と等しい．つまり集合は要素を列挙する順序とは無関係に定まる．それに対して，順序まで考えての“5 と 7 の対（ペア）”を

表現するときには

$$(5,7)$$

と書き，これを第 1 成分が 5 で第 2 成分が 7 の順序対という．

集合 A と集合 B に対して，第 1 成分が集合 A の要素で第 2 成分が集合 B の要素である順序対すべてからなる集合を，A と B の**直積集合**といい $A \times B$ で表す．

例 3. 集合 A, B が

$$A = \{1, 2\}, \quad B = \{3, 4, 5\}$$

と与えられているとする．このとき

$$A \times B = \{(1,3), (1,4), (1,5), (2,3), (2,4), (2,5)\}$$

である．また

$$B \times A = \{(3,1), (3,2), (4,1), (4,2), (5,1), (5,2)\}$$

となる．さらに，直積集合 $A \times A$ や $B \times B$ を考えることもでき

$$A \times A = \{(1,1), (1,2), (2,1), (2,2)\}$$
$$B \times B = \{(3,3), (3,4), (3,5), (4,3), (4,4), (4,5), (5,3), (5,4), (5,5)\}$$

となる．

上の例で，たとえば $(5,5)$ は第 1 成分が 5 で第 2 成分も 5 の “順序対” であって，“5 そのもの” ではないことに注意してほしい．

積集合を考えるときには，要素を “1 次元的に” 列挙するよりも “2 次元的に” 整理して考えた方が見通しがよい．たとえば積集合 $A \times B$ は

	3	4	5
1	$(1,3)$	$(1,4)$	$(1,5)$
2	$(2,3)$	$(2,4)$	$(2,5)$

と表される.

この表をみればわかるように，2 つの有限集合 A と B の直積集合 $A \times B$ の要素の個数は，集合 A の要素の個数と集合 B の要素の個数の積である．一般に有限集合 A の要素の個数を $|A|$ と書くことにする．この記法を用いると

$$|A \times B| = |A| \times |B|$$

となる.

順序対は第 1 成分と第 2 成分の 2 つの成分からなる対（ペア）だが，同様に第 1，第 2，第 3 成分の 3 つの成分からなるトリプルを考え，また，2 つの集合の直積集合を考えたのと同様に，3 つの集合 A, B, C に対して，第 1，第 2，第 3 成分がそれぞれ A, B, C の要素であるトリプルすべてからなる集合を考えることができる．この集合を A, B, C の直積集合といい，$A \times B \times C$ で表す.

例 4. 集合 A, B, C を

$$A = \{1, 2\}, \quad B = \{3, 4, 5\}, \quad C = \{0, 1\}$$

として定めるとき，

$$\begin{aligned} A \times B \times C = \{&(1,3,0),(1,4,0),(1,5,0),(2,3,0),(2,4,0),(2,5,0), \\ &(1,3,1),(1,4,1),(1,5,1),(2,3,1),(2,4,1),(2,5,1)\} \end{aligned}$$

3 つの集合の直積 $A \times B \times C$ は，第 3 成分が C の要素 0, 1 のそれぞれの場合の表

	3	4	5
1	(1, 3, 0)	(1, 4, 0)	(1, 5, 0)
2	(2, 3, 0)	(2, 4, 0)	(2, 5, 0)

	3	4	5
1	(1, 3, 1)	(1, 4, 1)	(1, 5, 1)
2	(2, 3, 1)	(2, 4, 1)	(2, 5, 1)

を上下に重ねて考えるとパターンがわかりやすい．つまり，3 つの集合の直積は “3 次元” 的に整理して考えるのがよい．あとで「格子点」という言葉を導入

するが，ここでの例のような数値を要素とする集合の直積は，平面や空間の座標に関連させて考えることもできる．

同様にして4つの集合の直積や5つの集合の直積を定義することもできるし，一般に n-個の集合の直積を定義することもできる．しかし，「2個の場合はペア」,「3個の場合はトリプル」と言葉を使い分けてきたので4個の場合，5個の場合はなんと言うべきかわずらわしい．そこで，一般的に2個の場合は "2-順序対"，3個の場合は "3-順序対" という用語を導入しよう．そうすると，たとえば集合 A, B, C, D, E の直積 $A \times B \times C \times D \times E$ は

> 第1成分が A の要素，第2成分が B の要素，第3成分が C の要素，第4成分が D の要素，第5成分が E の要素である 5-順序対すべてからなる集合

として定められる．

次の定理が成り立つことはすぐわかると思う．

定理 1（**積集合の要素の個数**）$i = 1, 2, \cdots, n$ のそれぞれに対して A_i が有限集合であるとする．このとき

$$|A_1 \times A_2 \times \cdots \times A_n| = |A_1| \times |A_2| \times \cdots \times |A_n|$$

c. 集合を要素とする集合

集合というものの重要な特徴は，「集合はそれ自身，1つの "もの" と考えられる」ということである．したがって，集合を要素とする集合を考えることもできる．

例 5. 5つの集合

$$\{0,5\}, \{1,6\}, \{2,7\}, \{3,8\}, \{4,9\}$$

を要素とする集合を A とすると

$$A = \{\,\{0,5\}, \{1,6\}, \{2,7\}, \{3,8\}, \{4,9\}\,\}$$

この例で，たとえば集合 $\{2,7\}$ は集合 A の要素であり，また，7 は集合

$\{2,7\}$ の要素だから

$$7 \in \{2,7\},\ \{2,7\} \in A, \quad \text{つまり} \quad 7 \in \{2,7\} \in A$$

である．この例は，0 から 9 までの整数を

5 の倍数，5 で割ると 1 余る数，……，5 で割ると 4 余る数

に分類したものとなっている．“集合を要素とする集合” というものは説明のために作為的に考えたものではなく，これからいろいろな場面で使われる．

2.1.3 集合の表し方

ここまで，いろいろな集合に関わってきたが，それらの集合を規定する際に大まかにいうと 2 通りのやり方をしてきた．1 つは,「集合 $\{2,3,5,7\}$」のように要素を列挙して集合を定めるやり方であり，もう 1 つは「集合 A の要素を第 1 成分，集合 B の要素を第 2 成分とするペアすべてからなる集合」というふうに文章で定めるやり方である．ここでは集合の記述の仕方について，もう少し立ち入って調べてみよう．

a. 外延的記法と内包的記法

要素を列挙して集合を記述する記法を，少し堅苦しい言い方だが**外延的記法**という．

外延的記法で与えられた集合 $\{2,3,5,7\}$ は，また，たとえば “1 桁の素数の集合” と定めることもできる．この “文章で集合を定めるやり方” をもう少しフォーマルな言葉で規定してみよう．

まず,「1 桁の素数の集合」を

> 自然数を 1 つ持ってきて，それが 1 桁の素数であるかを検証するテストを行い，そのテストにパスすれば集合の要素として登録しパスしなければ登録しない，という操作をすべての自然数について行い，その結果として構成された集合

と考えることにする．自然数は無限にあるのでテストも無限回行わなければならず，現実にできるのかということを疑問とすることも可能なのだが，数学で

は「人間が実際に無限回のテストを行って集合を構成することができないとしても，そのような集合は定まり，存在する」と考える．さて，上の文章を少し書き換えて

> 自然数を１つ持ってきて（以下それを仮に n で表す），n が１桁の素数であるかを検証するテストを行い，そのテストにパスすれば n を集合の要素として登録しパスしなければ登録しない，という操作をすべての自然数 n について行い，その結果として構成された集合

としておく．こうすると，集合は

(1) どの範囲から候補を選ぶかを決めておき

(2) 候補に対してどのような検証をするかを指定し

(3) その検証にパスする候補だけを集めた集合を考える

というやり方で記述することができる．このようにして決められる集合を，たとえばこの例では

$$\{n \in \mathbb{N} \mid n \text{ は１桁の素数}\}$$

と書き表す．このような記述の仕方を集合の**内包的記法**という．

コメント

「どの範囲から候補を選ぶか」ということについてだが,「範囲を限定せずにすべて検証する」と考えるならば指定しなくてもよさそうである．また，形式的に論理を展開する場合にも範囲の指定はしない．しかし，最初はとりあえず範囲を指定して検証すると考えた方が理解しやすいと思う．ただし，前後の文脈から範囲が明らかなときは範囲の指定を省略する．たとえば，自然数だけを考えていることが前後の文脈で明白ならば，上の例の集合は $\{n \mid n \text{ は１桁の素数}\}$ と書かれることになる．また，$\{n \mid n \in \mathbb{N} \text{ かつ } n \text{ は１桁の素数}\}$ のような書き方をしてもよい．

以上，一応は集合の内包的記法の説明をしたが，わかりづらいと思う．くどく説明してもますます混乱するだけなので，例で補うことにしよう．高校の教科書ではあっさり書かれていると思うか，本当はそんなに簡単なことではない．

b. 内包的記法の例

簡単なケースから始めよう．

例 6. 集合 A, B, C, D, E をそれぞれ

$$A = \{n \in \mathbb{Z} \mid 2 \leqq n < 10\}$$
$$B = \{x \in \mathbb{Z} \mid 2 \leqq x < 10\}$$
$$C = \{x \in \mathbb{R} \mid 2 \leqq x < 10\}$$
$$D = \left\{x \in \mathbb{Z} \mid x^2 - 5x + 6 = 0\right\}$$
$$E = \left\{x \in \mathbb{R} \mid x^2 - 5x + 6 = 0\right\}$$
$$F = \left\{x \in \mathbb{Z} \mid x^2 - 2 = 0\right\}$$

として定める．このとき，まず

$$A = B = \{2, 3, 4, 5, 6, 7, 8, 9\}$$

である．A と B では使われている文字が n, x と異なっているが，それは「自然数を 1 つ持ってきて（以下それを仮に n で表す）」というときの "仮に表す名前" なのだから n でも x でも同じことである．

一方，集合 C は $[2, 10)$ という記号で表される実数直線の区間である（本当に厳密に言うと "区間" は集合というだけでなく，さらに順序関係や距離などの "構造" が入っているのだが）．

集合 D と集合 E では，それぞれ "$x \in \mathbb{Z}$", "$x \in \mathbb{R}$" と異なる範囲を指定してあるのだが，結果的に等しい集合となり，$D = E = \{2, 3\}$ である．

集合 F の要素は 1 つも存在しない．このような "要素が 1 つも存在しない集合" も集合と考えて**空集合**とよぶ．空集合を記号 ϕ で表す．集合 F では "$x \in \mathbb{Z}$" と範囲を指定してあるからこそ，要素を持たなかったのであり，仮に範囲が指定されていないならば，$F = \{\sqrt{2}, -\sqrt{2}\}$ と考えるのが自然であろう．

2.1.4 集合の演算・関係式

a. 和集合，共通部分，補集合

2 つの集合 A, B に対して，**和集合** $A \cup B$ と**共通部分** $A \cap B$ を次のように定義する．

定義 1. A, B を集合とするとき，

$$A \cup B = \{x \mid x \in A \quad \text{もしくは} \quad x \in B\}$$

$$A \cap B = \{x \mid x \in A \quad \text{かつ} \quad x \in B\}$$

と定め，$A \cup B$ を A, B の和集合，$A \cap B$ を A, B の共通部分という．

和集合のことを合併集合とよぶこともある．

ここでは 2 つの集合の和集合，共通部分を定義したが，3 つの集合，4 つの集合，……についても同様に定義できる．たとえば 3 つの集合，A, B, C の共通部分は

$$A \cap B \cap C = \{x \mid x \in A \quad \text{かつ} \quad x \in B \quad \text{かつ} \quad x \in C\}$$

となる．

次に**補集合**を定義する．補集合は「どの集合のなかで考えるか」を指定して初めて定まるものであり，その“どの集合の中で”という集合を**全体集合**という．しかし，こういったことは言葉の気分をいっているだけのことであって，数学的にはあまり意味がない．ここでは，ドライな定義をすることにしよう．

定義 2. A は集合 U の部分集合であるとする．このとき集合

$$\{x \in U \mid x \notin A\}$$

を A の U を全体集合とする補集合といい，A^c で表す．

コメント

本当に厳密にいうならば，A^c という記号はあまりよくない．2 つの集合 A, U により決まるものを表しているのに，記号の中には 1 つの集合 A しか現れないからである．なぜこのようなルーズな表現が許されるかというと，それは全体集合 U がたいていの場合文脈から明らかであり，しかもその前後で固定されているからである．

例 7. 偶数の集合 $\{\cdots, -4, -2, 0, 2, 4, \cdots\}$ の補集合は奇数の集合 $\{\cdots, -3, -1, 1, 3, \cdots\}$ である．

この例の場合，暗黙のうちに全体集合は整数の集合 $\mathbb{Z}$ と考えている．しかし，「偶数の集合 $\{\cdots, -4, -2, 0, 2, 4, \cdots\}$ の補集合は $\cdots, -4, -2, 0, 2, 4, \cdots$ 以外の実数の集合である」と主張しても，それは数学として誤りであるというわけではない（数学の世界の“信頼関係”に反する解釈だということはできるかもしれないが）．もしも，“良好な信頼関係”が築かれていないならば，省略をすることなしに「偶数の集合 $\{\cdots, -4, -2, 0, 2, 4, \cdots\}$ の $\mathbb{Z}$ を全体集合としての補集合は奇数の集合 $\{\cdots, -3, -1, 1, 3, \cdots\}$ である」というべきであろう．

b. 部分集合と 0, 1 の列

ある集合の部分集合すべての集合を考えることがある．

例 8. 3 つの文字 a, b, c の集合 $\{a, b, c\}$ の部分集合は

$$\phi, \{a\}, \{b\}, \{c\}, \{a, b\}, \{a, c\}, \{b, c\}, \{a, b, c\}$$

の 8 つである．

これらの部分集合を整理して考えるためには，下の表のように，部分集合のそれぞれに 0, 1 からなる長さ 3 の列を対応させるとよい．

ϕ	$\{a\}$	$\{b\}$	$\{c\}$	$\{a,b\}$	$\{a,c\}$	$\{b,c\}$	$\{a,b,c\}$
000	100	010	001	110	101	011	111

つまり，最初の数字は「a がその部分集合の要素ならば 1，そうでなければ 0」であり，2 番目の数字，3 番目の数字はそれぞれ b，c について同様に考えたものである．これは，部分集合を整理して考えるためのなかなかうまいテクニックである．

2.2 関数，写像

集合と並んで，関数，写像は現代数学を組み立てる基本的概念である．しかし，“関数”という言葉はなじみ深いにしても，“写像”となるとあまり聞いたことがないと思う．まずは，言葉の説明から始めよう．

2.2.1 関 数 と 写 像

フォーマルな結論から言うと，“関数” と “写像” の違いはなく，同じである．しかし，“関数” の方が歴史の古い言葉であり，数学の分野それぞれの固有の歴史を引きずり，したがって使われ方に多少の揺らぎがある．それに対して，“写像” は現代数学の，いわば人造語であり意味は確定している．

ここでは，まず，写像とそれに関連した用語の定義から始めて，その後で “関数” について検討することにしよう．

a. 写　　像

写像は,「集合 A から集合 B への写像 f」といった形で定義される．

定義 3. A, B を集合とする．ただし，A, B は空集合ではないとする．このとき，集合 A の各要素 a に集合 B の要素 b を（a に応じて）1つだけ対応させる規則が定められているとき，それを A から B への写像という．この写像を f で表すならば，それが A から B への写像であるということは

$$f : A \longrightarrow B$$

と書かれる．また，f によって a に対応する B の要素が $f(a)$ であることを表すためには,

$$f : a \longmapsto f(a)$$

と書く．

つまり，写像は関数のようなものである．しかし，中学・高校で習った “関数” と違って，写像を与えるためには，まず,「どこからどこへの写像か」ということを確定しなければならない．関数 $y = x^2$ ならば，これが実数に対して定義されているのか，あるいは正の実数に対して定義されているのか，あるいは整数に対して定義されているのか，という問題は「関数 $y = x^2$」を与えられてから考えればよい問題である．それに対して写像の場合，最初に指定しなければならないものは “どこから” を意味する “定義域”A と “どこへの” を意味する B の 2 つの集合である．

また，これについては後で検討するが，関数のイメージとして「式で与えら

れている」というニュアンスがあると思う．しかし，上の定義で「対応させる規則」といっているものは，式で与えられている必要がないばかりでなく，“規則性がある”必要もない．

例 9. 集合 $A = \{0, 1, 4, 7\}$ からギリシャ文字 α, β, γ の集合 $B = \{\alpha, \beta, \gamma\}$ への写像

$$f : A \longrightarrow B$$

を

$$f(0) = \beta, \quad f(1) = \alpha, \quad f(4) = \alpha, \quad f(7) = \alpha$$

として定める．

集合 A の要素に対して集合 B の要素が 1 つ指定されているので，これは確かに写像である．しかし，この “対応を与える規則” には特に規則性はないと思う (例を作るときには出任せで対応を作ったつもりだ．後から考えれば，なにか規則をこじつけられないでもないが)．

例 10. 実数の集合 $\mathbb{R}$ から $\mathbb{R}$ への写像 f

$$f : \mathbb{R} \longrightarrow \mathbb{R}$$

を，$x \in \mathbb{R}$ に対して

$$f(x) = x^2$$

と定める．

この場合，“どこから” の集合 A に相当するのは実数の集合 $\mathbb{R}$ で，また “どこへ” の集合 B に相当するのも実数の集合 $\mathbb{R}$ である．ここでは “対応させる規則” は式で書かれた規則 $x \longmapsto x^2$ であり，規則正しい．

例 11. 実数の集合 $\mathbb{R}$ から負でない実数の集合 $\mathbb{R}^+ = \{x \in \mathbb{R} \mid x \geq 0\}$ への写像 g

$$g : \mathbb{R} \longrightarrow \mathbb{R}^+$$

を，$x \in \mathbb{R}$ に対して

$$g(x) = x^2$$

と定める.

記号 $\mathbb{R}^+$ はここだけの記号である（$\mathbb{R}^+$ は“正の”実数の集合を意味して使われることもある）. それはともかく，大切な点は,「この例の写像 g と前の例の写像 f は対応させる規則は同じであっても異なる写像である」ということである.「写像」は対応させる規則だけでなく「どこからどこへの写像か」も定義の中に組み込まれているからである.

b. 全射，単射，全単射

写像に関して，全射，単射，および全単射という言葉を押さえておくべきである.

定義 4. f は集合 A から集合 B への写像であるとする. このとき

- 集合 A のどのような 2 つの要素 a_1, a_2（ただし，$a_1 \neq a_2$ とする）に対しても $f(a_1) = f(a_2)$ とならないとき，f は単射であるという.
- 集合 B のどの要素 b に対しても $f(a) = b$ となる A の要素 a が存在するとき，f は全射であるという.
- f が全射で，かつ単射であるとき，f は全単射であるという.

例 12. $f_1 : \mathbb{R} \longrightarrow \mathbb{R}$ を $x \in \mathbb{R}$ に対して x^2 を対応させる写像として定める. このとき，$-2, 2 \in \mathbb{R}$ に対して $f_1(-2) = f_1(2)$ となるので，f_1 は単射ではない. また，$f_1(x) = -1$ となる $x \in \mathbb{R}$ は存在しないので，f_1 は全射ではない.

次の 2 つの例において，$\mathbb{R}^+$ は負でない実数の集合とする.

例 13. $f_2 : \mathbb{R} \longrightarrow \mathbb{R}^+$ を $x \in \mathbb{R}$ に対して x^2 を対応させる写像として定める. このとき，上と同じ理由により f_2 は単射ではないが，y が負でない実数ならば必ず $x^2 = y$ を満たす実数 x が存在するので，f_2 は全射である.

例 14. $f_3 : \mathbb{R}^+ \longrightarrow \mathbb{R}^+$ を $x \in \mathbb{R}^+$ に対して x^2 を対応させる写像として定める. このとき，f_3 は全単射である.

$f : A \longrightarrow B$ が全単射であるとき，

(1)（f が全射であることから）B の各要素 b に対して $f(a)=b$ を満たす A の要素 a が存在し，

(2)（f が単射であることから）このような a は 1 つしか存在しない．

そこで，B の各要素 b に対して，$f(a)=b$ を満たす a を対応させる写像を定め，それを f の**逆写像**とよび，f^{-1} で表す．

例 15. 文字を要素とする 2 つの集合 A, B を $A=\{a,b,c,d\}$，$B=\{\alpha,\beta,\gamma,\delta\}$ として与え，A から B への写像 f を

$$f(a)=\alpha, \quad f(b)=\beta, \quad f(c)=\gamma, \quad f(d)=\delta$$

と定めると，f は全単射であり，f の逆写像

$$f^{-1}: B \longrightarrow A$$

は

$$f^{-1}(\alpha)=a, \quad f^{-1}(\beta)=b, \quad f^{-1}(\gamma)=c, \quad f^{-1}(\delta)=d$$

A から B への全単射というといかめしいのだが，上の例からもわかるように，言っていることは「グループ A のメンバーがグループ B のメンバーと手をつなぎ，あぶれた人もいないし，ひとりで 2 人と手をつないでいる人もいない」というだけのことである．当然のことだが，A, B が有限集合の場合，A から B への全単射が存在するならば A と B の要素の個数は等しい．それならば，無限集合の場合でも“全単射が存在する”ということをもって“要素の個数が等しい”ということの定義としてやろうという発想が生まれる．ただ，無限なのに“個数”という言葉を使うのも気が引けるので，集合の“濃度”という用語を使うことになるのだが．

この“濃度”という概念で無限集合を分類するという課題は，なかなか刺激的な話題なのだが，そこまでは立ち入らない．大学で数学系の学科に進むと，おそらく“可算無限”と“非可算無限”の区別に悩まされることになるだろう．

c. 集合 A から A 自身への写像

「集合 A から集合 B への写像」と言ったときでも，集合 A と B は必ずしも別の集合である必要はない．特に $A=B$ の場合，「集合 A からそれ自身へ

の写像 f」ということになるが，このような "A から A への写像" には「写像を繰り返すことができる」という特徴がある．つまり，$a \in A$ に f で対応する要素 $f(a)$ も，また A の要素なので，それに f で対応する要素 $f(f(a))$ を考えることができ，さらにそれに f で対応する要素 $f(f(f(a)))$ を考えることができ，……と，繰り返し繰り返し f で対応する要素の列を考えてゆくことができるということである．この場合，まず，$f(f(f(a)))$ などという書き方では括弧を数えるだけでも煩わしいので，$f^3(a)$ といった書き方をし，$a \in A$ から始まる列

$$a, f(a), f^2(a), f^3(a), f^4(a), \cdots$$

を調べることになる．これを a の f による正軌道という．ここで，$f(a) = a$ である場合，a を f の**不動点**とよぶ（この場合，$a = f(a) = f^2(a) = f^3(a) = \cdots$ となる）．また，$f^k(a) = a$ を満たす正整数 k が存在するとき，a を f の**周期点**とよび，このような k の中で最小のものを周期点 a の**周期**という（不動点は周期 1 の周期点であるといってもよい）．a が周期 k の周期点である場合

$$a, f(a), f^2(a), f^3(a), \cdots, f^{k-1}(a), f^k(a)(=a), f^{k+1}(a)(=f(a)), \cdots$$

は周期 k での繰り返しになる．たとえば，$k = 5$ とすると，$f^{2003}(a)$ は

$$f^{2003}(a) = f^3(f^{2000}(a)) = f^3(f^{5\times 400}(a)) = f^3(a)$$

として求められる（"周期性の利用" は数学オリンピックの問題でよく使われるテーマである）．

こういった発想で A から A への写像の性質を調べる問題は奥の深いテーマで，力学系理論とよばれる数学の分野となっている（もはや流行語に近い "カオス" とか "フラクタル" もこの分野の守備範囲に入る）．数学オリンピックでも過去に何題か力学系的な発想の問題が出題されている．特に予備知識として勉強しておく必要があるわけではないのだが，"軌道" とか "周期点" などの言葉だけ知っておくだけで "力学系的な写像の見方" を取り入れることができるようになる．

d. 有限集合における定理

"A から A 自身への写像" について，特に A が有限集合である場合を調べておくべきである．

定理 2. f を有限集合 A から A への写像とする．このとき

(1) f が単射ならば f は全射でもある

(2) f が全射ならば f は単射でもある

(3) したがって f が単射，もしくは全射ならば，f 全単射である

証明は，“要素の個数” という観点から考えれば明らかであると思う．ただし，現代数学でのフォーマルな扱いでは，この定理は “定理” ではなく “有限集合の定義” として扱われるのだが．しかし，ここではそのようなことは，もっと先の勉強に譲って，無限集合の場合の例を調べるだけにしておこう．

例 16. f_1 を $f_1(n) = n + 1$ で定められる $\mathbb{N}$ から $\mathbb{N}$ への写像とすると，f_1 は単射だが全射ではない（$f_1(n) = 1$ を満たす $n \in \mathbb{N}$ は存在しないから）．

なんてことのない結果のようだが，「$f(n) = n + 1$ は単射だが全射ではない」は，次のような “お話” にすると，なかなかショッキングである．

> room 1, room 2, room 3, $\cdots$ と無限の部屋数のホテルがありました．そのホテルが満室であったある夜，予約係の手違いで，もうひとりのお客が来てしまいました．フロントマネージャーは困ってしまったのですが，すぐにうまい手を思いつきました．「room 1 のお客は room 2 へ，room 2 のお客は room 3 へ，以下同様に room n のお客は room $n + 1$ へと移ってもらおう．そうすれば，誰もあぶれることなしに，room 1 を空室にできる！」．その日の泊まり客はみんないい人ばかりだったので，ちょっと文句を言っただけで，いうとおりの移動をしてくれました．こうして，満室のホテルに新たなお客を受け入れることができたのです．無限って便利ですね．

しかし，有限集合では，こんな変なことは起こらない．それでは，要素の個数の話が出てきたついでに，次の結果を紹介しておこう．

> 集合 A の要素の個数が B の要素の個数より大きいならば，A から B への単射は存在しない．

これは，第 5 章で出てくる「鳩の巣原理」の基本形である．

2.2.2 関数と逆関数

それでは，いよいよ“関数”の説明に移ろう．写像は“新出単語”だったが“関数”は中学以来の古いつき合いである．数学史での関数の歴史はさらに古く，したがってさまざまな遺産を引きずっている．関数とつきあっていると，いろいろ割り切れない気持ちが出てくるのだが，これは歴史のなせるものと割り切った方がよい．ここでは，まず，結論としての関数の定義をして，後は“関数概念の歴史”を振り返ることにしよう．

a. 関　　数

それでは，関数の定義をしよう．

関数とは写像のことである．

結論は，これで終わりである．こうしておいて，結論への歴史をたどることにしよう．しかし，ここで“歴史”と称しているものは，とうていまともな史実に基づく歴史といえるものではない．ただ,「このように考えると“関数”にまつわる混乱が理解しやすい」というだけのための“お話”である．

第1ステージ :「$V = f(T)$」　「体積 V は温度 T に“$\cdots\cdots$ の法則”により依存し，$V = f(T)$ となっている」という関数の使われ方である．これは関数概念の基本形であろう．しかし，後の発展との比較のため，この設定で暗黙のうちに想定されている，次の点を強調しておきたい．

(1) 変数 T と V はそれぞれ温度，体積という固有の意味を持つ．単位が組み込まれていない限り，T と V は実数にすぎないのだが，“人間にとっての意味”としては単なる実数ではなく，あくまでも温度と体積である．

(2) この関数は，なんらかの実験装置で実現されていて，そこにおいて T を操作して変化させるとそれにつれて V が変わる．つまり，T に対して V が決まるなんらかのメカニズムが想定されていて，そこにおいて T は“操作可能”である．

(3) “$\cdots\cdots$ の法則”という以上，$f(T)$ は式で表現されているはずである．

第2ステージ :「$y = f(x)$」　次は，関数 $y = f(x)$ の登場である．第1ステージの“関数”において，関数を与える式 $f(T)$ だけに注目して，変数 T，V の意味を忘れてしまうと，$f(T)$ は単に“実数 T に対して実数 V を対応させる規則”となる．それならば，なにも T とか V という文字を使う必要もなく，T の代わりに x，V の代わりに y を使ってもよい．このように“x に y を対応させる”という文字の使い方を，あたかも方程式の未知数は文字 x を使うのがデフォルトスタンダード（暗黙の標準規格）であるように“標準規格”にしてやると，いろいろと説明を省略して述べることができて便利である．また，変数 T，V の意味を捨ててしまったのだから，関数の裏にある“メカニズム”も意味がなくなる．こうして，上の (1) と (2) にあたる変数の意味とメカニズムを放棄することにより，「実数 x に対して，ある式により実数 y が決まる」というドライな関数概念 $y = f(x)$ が得られる．

この関数 $y = f(x)$ は写像とほとんど同じなのだが，重点は“対応させる式”にある (つまり，(3) はキープされている)．したがって，関数 (この場合は“式”) を決めてから「どこからどこへの関数なのか」という検討をすることになる．

第 3 ステージ：写像としての関数 目標の“写像としての関数”へは，後は“関数がなんらかの式で与えられる”ということを放棄して，“どこからどこへの”を最初から明確に与えるというだけのことである．この“式としての関数”概念の変遷を調べるのは，特に“複素数に対して関数のとる値”という問題に関連して（本当の）数学史の中でも面白い部分である．

以上をまとめると，「最初の (1)，(2)，(3) を伴った第 1 ステージの関数から，抽象化して (1)，(2) を捨てることにより第 2 ステージの関数概念へと進み，さらに (3) も捨ててしまって現代数学の写像としての関数へ到達した」というストーリーである．数学での概念の進化は，かなりの部分“捨てる”ということに掛かっているのだ．

b. 関数と関数値

さて，第 2 ステージでは“x に対して y を対応させる”という文字の使い方がデフォルトスタンダードなので，関数 $y = f(x)$ という表し方が支配的になる．写像の説明ではいちいち「x に対して x^2 を対応させる写像」と長々と表現していたのと比べて，「関数 $y = x^2$」と書くだけで済むのだから，これはなかなか便利な表現法である．しかし，この表記の隠れた欠点として，“$y = x^2$”は関数を表すと読めるだけでなく，「2 つの実数 x と y について関係 $y = x^2$ が成り立っている」と読むこともできるということである．また，$f(x)$ も，関数を表しているとも特定の値 $f(x)$ を表しているとも解釈できる．

この曖昧性は今のところは大した問題にならないのだが，将来“関数列の収束”に関して「各点収束」という概念を学ぶ段階になるとやや深刻になる．

c. 逆　関　数

高校の教科書に出てくる関数は，第1ステージと第2ステージのものである．多くの場合，導入の例とか最後の“応用”は第1ステージのもので，本文は第2ステージの扱いがほとんどである．ただし，積分の変数変換の説明となると“第1ステージ”的な捉え方が現れる．

さて，この第1ステージと第2ステージ（念のため確認しておくが，こんな用語は他では通用しない）の違いが顕著に現れるのは，逆関数を $x = f^{-1}(y)$ と書くか $y = f^{-1}(x)$ と書くかというところである．

まず，逆関数の定義だが，これも逆写像と同じことである．ただし，全単射でなくては逆写像は存在せず，全単射かどうかは「どこからどこへの写像か」に依存するので，逆関数を問題にするときには「どこからどこへの関数か」が関数（写像のこと）が全単射になるように選ばれているものとする．それでは，第1ステージの発想で逆関数を捉えてみよう．温度 T を操作すると体積 V が T の関数として $V = f(T)$ という形で決まっているとすると，その逆関数は，「体積を操作すると温度が決まる」と捉えて $T = f^{-1}(V)$ の形になる．“操作可能”という意味では，逆関数を考え得るためには体積を操作することにより温度が変化するような実験装置を想定しなければならないわけだ．しかし，この“操作可能”な変数かどうかという問題は，たとえば経済学などでは大問題なようだが（金利と通貨供給量のどちらが操作可能変数か？　とかいうタイプの問題らしい），純粋数学では問題にはならない．そこで，数学の世界では，第1ステージの発想の特徴は「変数が固有の意味を持っているか」という点として残る．仮に x と y という変数名を用いるとしても，それらに固有の意味を想定しているならば，逆関数は $x = f^{-1}(y)$ となるのだ．

次に，第2ステージの発想に移ろう．この場合，変数 x, y には固有の意味はない．たとえば $y = x^2$ という関数は「実数に対してその平方を対応させる関数」とも表現できるわけで，変数名が x とか y というのは単なる習慣で使っているだけのことである．したがって,「逆関数 $x = f^{-1}(y)$」のようにわざわざ普通と違う変数名 y と x を使う理由も特にない．そこで，普通の変数の用い方をして $y = f^{-1}(x)$ と表すのが素直な記号の用い方だということになる．

たとえば，c をある定数として「体積は温度の c 倍になる」ならば「温度は体積の $1/c$ 倍になる」わけだから関数 $V = cT$ の逆関数は $T = V/c$ と表すのが自然である．しかし,「実数にその c 倍を対応させる関数」の逆関数となると「実数にその $1/c$ を対応させる関数」であるから，両方とも“実数に”は x で表して「関数 $y = cx$ の逆関数は $y = x/c$」とするのが自然であろう．

結局のところ，$y = f(x)$ の逆関数を $x = f^{-1}(y)$ とするか $y = f^{-1}(x)$ とするかは，変数に意味をみているかどうかという気分の問題なのである．

同じ問題が，逆関数のグラフを考える場合にも生ずる．逆関数 $y = f^{-1}(x)$ のグラフというならば，その関数のグラフを新たに書くべきである（たとえば $y = 2x$ の逆関数のグラフなら $y = \frac{1}{2}x$ のグラフという具合に）．しかし，横軸が温度 T，縦軸が体積 V として関数 $V = f(T)$ のグラフが書かれている場合，その逆関数のグラフというならば $V = f(T)$ のグラフそのものを「横軸の T が縦軸の V に依存して決まる関数」としてみるだけのことである．つまり，グラフを書き直す必要はないのだ．

こうした任意性は話を煩雑にしているだけのようにみえるのだが，両方の観点をうまく使い分けることができると，なかなか便利なものである．

それでは，逆関数に絡んだ問題を解いてみよう．しかし，この問題はかなりの難問である（ただし，予選の問題としては，だが）．この問題は第 10 回（2000 年）日本数学オリンピック（JMO）の予選での一番正解率の低い問題であった．実際，解答も“アイデア一発”というわけにはいかず，それなりの準備が必要である．とはいっても，さすがに秘められているアイデアは見事である．まず，ページをめくって問題を読み，一人で解答を考えてみてほしい．

そのあとで，問題を解くための準備に移ろう．この問題のキーワードは，ガウス記号，格子点，逆関数の 3 つである．ガウス記号と格子点についてはまだ説明していないので，最初に準備しておこう．ただし，格子点についての説明は，いくぶんのヒントになっている．もし，ノーヒントで解きたいならば，格子点についての説明は読まずにチャレンジするとよい．

ガウス記号　すべての実数 x は，一意に $x = n + z$ と書くことができる．ここで n は整数で，z は $0 \leqq z < 1$ の実数である．“一意に” とは，この場合「このような n と z は x に対して1つしか存在しない」ということをいっている．この n を x の**整数部分**といい，$[x]$ で表す．[ ] を**ガウス記号**という．$[x]$ は “x を超えない最大の整数” である．

例 17. $[3.9] = 3, \quad [5] = 5, \quad [-4.1] = -5, \quad [\pi] = 3$

格子点　座標平面において，x-座標と y-座標がともに整数である点を**格子点**という．定義はこれだけのことなのだが，要点はガウス記号と格子点を関連づけることである．つまり，

> 関数 f が $f(0) = 0,\ f(x) > 0\,(0 < x \leqq 100)$ を満たすとする．このとき，$\sum_{j=1}^{100} [f(j)]$ は関数 $y = f(x)$ のグラフと x-軸，直線 $x = 100$ で囲まれる領域（ただし，x-軸上の点は領域に含めず，それ以外のグラフ上の点と直線 $x = 100$ 上の点は領域に含める）の中にある格子点の個数に等しい．

ということである（これは落ち着いて図を書いて調べるとわかるはず）．

これで準備はできた．それでは，問題を解いてみよう．

— 問題 3. — 日本数学オリンピック予選 2000 [9]

$$\sum_{k=1}^{100} \left(\left[\frac{k^2}{100} \right] + [10\sqrt{k}] \right)$$

を求めよ．ただし，$[x]$ は x を超えない最大の整数のことである．

［解答］　$f(x) = \frac{x^2}{100}$ と定める．このとき，逆関数は $x = 10\sqrt{y}$ である．

$$\sum_{k=1}^{100} \left[\frac{k^2}{100} \right]$$

は，関数 $y=f(x)$ のグラフと x-軸，直線 $x=100$ で囲まれる領域（ただし，グラフ上の点と直線 $x=100$ 上の点は領域に含めるが，x-軸上の点は領域に含めない）の中にある格子点の個数（K で表す）に等しい．また，

$$\sum_{k=1}^{100}[10\sqrt{k}]$$

は，関数 $y=f(x)$ のグラフと y-軸，直線 $y=100$ で囲まれる領域（ただし，グラフ上の点と直線 $y=100$ 上の点は領域に含めるが，y-軸上の点は領域に含めない）の中にある格子点の個数（L で表す）に等しい．

上の 2 つの個数 K と L の和は，x-軸，y-軸，直線 $x=100$，直線 $y=100$ で囲まれる領域（ただし，座標軸上の点は領域に含めず，直線 $x=100$ 上の点と直線 $y=100$ 上の点は領域に含める）の中の格子点の個数（$=100^2$）を，この領域内でグラフ上の点の個数（$k=10, 20, \cdots, 90, 100$ の 10 個）だけ重複して数えたものである．したがって，

$$K+L=100^2+10$$

であり

$$\begin{aligned}\sum_{k=1}^{100}\left(\left[\frac{k^2}{100}\right]+[10\sqrt{k}]\right)&=K+L\\&=100^2+10=10010\end{aligned}$$

Ans.　10010

コメント

この解答の核心は，逆関数を $x=f^{-1}(y)$ とみて $y=f(x)$ と同じグラフを使うことである．ここで $y=f^{-1}(x)$ のグラフを書いて考えたのでは格子点をうまく勘定することができなくなってしまう．

2.3　集合の 3 つの表示

2.3.1　値域としての表示

集合の表し方として

(1) 外延的記法： たとえば，$\{1,3,5,7,9\}$

(2) 内包的記法： たとえば，$\{n \mid n$ は 1 以上 10 以下の奇数$\}$

があることは，すでに述べた．ところで，高校の教科書では，多くの場合，外延的記法，内包的記法（このような言葉を表に出すかどうかは別として）を紹介した直後に，次のようなタイプの例が述べられているようだ．

例 18. 平方数の集合は，$\left\{n^2 \mid n \in \mathbb{N}\right\}$ と表される．

なにを言おうとしているかは，とてもよくわかるのだが，それでは，このような記述の仕方は外延的なのだろうか，それとも内包的なのだろうか．見かけは内包的記法に似てみえるのだが，意味を考えるとその枠組みからは外れている．どちらかというと，n が $n=1,2,3,\cdots$ と動くときの n^2，つまり，$\{1^2,2^2,3^2,\cdots\}$ ということであり，外延的記法の発想に近いかもしれない．書き方を少し変えて，$\left\{n^2 \mid n=1,2,3,\cdots\right\}$ とすると，もっと外延的記法の雰囲気に近くなる．とはいっても，要素を列挙しているわけではないので，外延的記法ともいい難い．

こうなると，「集合にはこのような表し方もある」ということで，きちんと定義した方がよいようだ．

定義 5. f を集合 A から B への写像とする．このとき，集合

$$\{b \in B \mid f(a)=b \text{ を満たす } a \in A \text{ が存在する}\}$$

を

$$\{f(a) \mid a \in A\}$$

と表す．

コメント [1]

写像のフォーマルな定義に則って，“f は A から B への写像” としておいたが，f が式で与えられている場合には，実際には “B への” の部分は特に指定する必要はない．「a が A のすべての要素を動くときの $f(a)$ の全体」という感じの集合なのだ．要するに，普通 “写像の値域” と言われている集合のことなのだ．

コメント [2]

上の定義で「$f(a)=b$ を満たす $a \in A$ が存在する（ような b の集合）」という取っつきにくい表現が出てきているが，これはもう少し身近な表現をするならば「A の要素 a を使って $f(a)=b$ の形で表される（ような b の集合）」とでもなるのだろうか．確かにこの方が最初はわかりやすいかもしれないが，いずれ「$\cdots\cdots$ が存在する」という形の構文に慣れなければならないのだから，どうせなら早く身につけた方がよい．

以上，集合の表し方として，外延的記法，内包的記法の他に "第 3 の記法" があるということである．しかし，"第 3 の記法" などという映画の題名のような言い方をするのも気が引けるので，以後，これを「値域としての記法」とよぶことにする．

2.3.2 座標平面の図形

a. 方程式を満たす集合

座標平面上の図形を集合として捉えるとき，それを表す表記も 3 通りあることになる．

まず，外延的記法だが，$\mathbb{N}$ や $\mathbb{Z}$ のような無限集合と違って "連続的な" 無限集合となると，さすがに "$\cdots$" を駆使したところで「要素を列挙して表す」のは無理である．

内包的記法については，たとえば，直線 $2x+3y-5=0$ といった表現が内包的記法にあたり，これは直線を

$$\{(x,y) \in \mathbb{R}^2 \mid 2x+3y-5=0\}$$

という集合として捉えているわけだ．ここでの発想は

> 座標平面から点 (x,y) をいろいろ選んで方程式 $2x+3y-5=0$ を満たすか調べて，この方程式を満たす点だけを集めて集合をつくる

という発想である．この表記の特徴は「左辺 $=0$ という形で書かれている」ということではない．たとえ

$$\left\{(x,y) \in \mathbb{R}^2 \mid y=-\frac{2}{3}x+\frac{5}{3}\right\}$$

と書かれていたとしても，これは「(x,y) が $y=-\frac{2}{3}x+\frac{5}{3}$ を満たしているかチェックして集合をつくる」という発想に立っているので，内包的記法である．

b. パラメータ表示

一方，値域としての記法で同じ集合を表すと

$$\left\{\left(x,-\frac{2}{3}x+\frac{5}{3}\right) \mid x\in\mathbb{R}\right\}$$

となる．これは「x が動くときの $(x,f(x))$ の全体」という発想である．

コメント

こんなことをいうと混乱するかもしれないが,「値域としての記法」の定義 $\{f(x) \mid x\in A\}$ における写像 f に相当するのは,「x が動くときの $(x,f(x))$ の全体」における f ではなく，$\mathbb{R}$ から $\mathbb{R}^2$ への写像 $x\longmapsto(x,f(x))$ である．

さて，上の内包的記法と値域としての記法はそれぞれ，“方程式のグラフ”と“関数のグラフ”の発想に相当するともいえそうだ．ただし，座標平面上の図形に限定しても値域としての記法は“関数のグラフ”より守備範囲が広く，**パラメータ表示**といわれているものに近い．

例 19. 座標平面上の原点を中心とする半径 1 の円（単位円）は，内包的記法では

$$\{(x,y)\in\mathbb{R}^2 \mid x^2+y^2=1\}$$

と表され，また，θ をパラメータとして

$$\{(\cos\theta,\sin\theta) \mid 0\leqq\theta<2\pi\}$$

とも表される．

θ をパラメータとするパラメータ表示では（もちろん別の文字を使ってもよいが），実数の区間 $[0,2\pi)$ から R^2 への写像 $f(\theta)=(\cos\theta,\sin\theta)$ を考えての値域としての記法 $\{f(\theta) \mid \theta\in[0,2\pi)\}$ となっている．集合の値域としての記法は，また，集合のパラメータ表示ということもできる．

なお，f を “$[0,2\pi)$ からの写像” としたことには必然性はない．しかし，このようにすると「f が単射である」という利点があり，便利なことが多い．f

を，たとえば $\mathbb{R}$ からの写像としたり，$[0,2\pi]$ からの写像としてもよいのだが，パラメータ表示ではできるだけ単射になるように設定しておくのがよい．

— 問題 4. — 日本数学オリンピック予選 1999 [2]

(X,Y) を直線 $-3x+5y=7$ 上の格子点とするとき，$|X+Y|$ の最小値を求めよ．ただし格子点とは x 座標，y 座標がともに整数である点のことをいう．

［解答］ まず，これらの格子点をパラメータ表示することから始める．この直線上の格子点を，とにかく 1 つ探すと，たとえば $(1,2)$ がみつかる．この直線上の点を 1 つ選んで，その座標を (X,Y) とおくと，

$$-3X+5Y=7$$
$$-3\cdot 1+5\cdot 2=7$$

であることから，

$$-3(X-1)+5(Y-2)=0, \quad \text{つまり} \quad 5(Y-2)=3(X-1)$$

である．ここで $5(Y-2)=3(X-1)=t$ とおく．このとき

$$X=\frac{1}{3}t+1, \quad Y=\frac{1}{5}t+2$$

という直線のパラメータ表示が得られる．ただし，これは直線のパラメータ表示であって直線上の格子点のパラメータ表示にはなっていない．X,Y がともに整数であるためには t は 3 の倍数で，かつ 5 の倍数でなければならない．そこで $t=15k$ とおくと，直線上の格子点のパラメータ表示

$$\{(5k+1, 3k+2) \mid k \in \mathbb{Z}\}$$

が得られる．

後は，

$$|X+Y|=|(5k+1)+(3k+2)|=|8k+3|$$

の最小値を求めるだけのことだが，これは，$k = 0$ のとき $|8k+3| = 3$ である．

Ans. 3

問題に応じたアイデアを得るためには，明確で一般的な概念，用語を用いて考えた方がヒラメキも雄大なものとなってくる．この章ではプロの数学者が現在使っている最も新しく基本的な“考える道具”のいくつかを紹介した．これらを臆せず，どんどん使って問題を解いてほしい．読者はまだ数学的な知識は少ないとしても，問題を解くということに関しては，すでに数学者と同じスタートラインに立っているのである．

3

代　　　数

この章の表題「代数」は，高校の教科書でいうならば，だいたい「式の計算」，「高次方程式」,「ベクトル」,「数列」といったあたりの章に相当する．集合や論理と対照的に「代数」については高校の教科書に安心して頼ることができる．そこで，ここでは教科書で不足している部分（かつ，数学オリンピックでは知っていた方がよい部分）を補充することにする．

3.1　高次方程式

3.1.1　複　素　数

複素数は高校で学ぶのだが，そこでの扱いは 2 次方程式に関連した話題に比重が偏っている．まともに扱うとしたらこれが限界なのだが，とりあえず証明は抜きにしてでも，もう少し高い視点から数学における複素数の役割を眺めておいた方がよさそうだ．しかし，まず，高校の教科書と重複するのだが，複素数の基本的性質について簡単にまとめておこう．

a.　複素数の演算

2 乗して負となる実数はないから $z^2+1=0$ は実数の解を持たない．しかし，$i^2=-1$ となる新しい数 i を導入すれば，$z=\pm i$ が解となる．$z=x+iy$ $(x, y\in\mathbb{R})$ を**複素数**という．複素数の範囲では，方程式 $z^2+1=0$ に限らず，どのような 2 次方程式も解を持ち，1 次式の積として因数分解される．

複素数 $z=x+iy$ $(x, y\in\mathbb{R})$ に対し，x を z の**実部**といい，y を z の**虚部**という．複素数全体の集合を $\mathbb{C}$ で表す．

複素数の加（減）法，乗法，除法は，

$$(x+iy)\pm(u+iv)=(x\pm u)+i(y\pm v)$$
$$\begin{aligned}(x+iy)(u+iv)&=xu+ixv+iyu+i^2yv\\&=(xu-yv)+i(xv+yu)\end{aligned}$$
$$\begin{aligned}\frac{1}{x+iy}&=\frac{x-iy}{(x+iy)(x-iy)}\\&=\frac{x-iy}{x^2+y^2}\end{aligned}$$

を利用して計算できる．

$z=x+iy$ に対して $x-iy$ を z の**共役複素数**といい，$\overline{z}$ と書く．また，$\sqrt{x^2+y^2}$ を $|z|$ と書き，z の**絶対値**という．

それでは，複素数の本格的性質に移ろう．

b. 代数学の基本定理

複素数は 2 次方程式が解を持つようにするために考えたものであった．それでは，もっと次数の高い方程式を考えるならば，2 次方程式が常に解を持つためには実数を複素数まで拡張しなければならなかったように，さらに数を拡張しなければならないのだろうか．幸いなことに，そのような必要はない．どんな n 次方程式も複素数の範囲ですべて解けてしまい，これ以上，数の概念を広げる必要がないのである．正確には，次のようになる．

定理 3. n 次多項式 $(n \geqq 1)$

$$f(x)=x^n+a_1x^{n-1}+a_2x^{n-2}+\cdots+a_{n-1}x+a_n$$

に対して，$f(\alpha_k)=0$ を満たす n 個の複素数 α_k $(k=1,2,\cdots,n)$ が存在し，

$$f(x)=(x-\alpha_1)(x-\alpha_2)\cdots(x-\alpha_n)$$

と，複素数の範囲で因数分解できる．

多項式の係数は実数に限らず，複素数であってもよい．この定理を**代数学の基本定理**という．証明は大学で学ぶことになる．証明で難しいのは，方程式が（特に偶数次の方程式が）複素数の範囲で（少なくとも 1 つ）解を持つことを示すところである．これはかなり難しいので，独力でチャレンジするのは控え

た方がよさそうである．

代数学の基本定理によれば，n 次多項式は

$$x^n + a_1x^{n-1} + a_2x^{n-2} + \cdots + a_{n-1}x + a_n = (x-\alpha_1)(x-\alpha_2)\cdots(x-\alpha_n)$$

と 1 次式の積の形に因数分解される．この式の右辺を展開して x について降べきの順にまとめ，左辺の係数と比較すると「解と係数の関係」が得られる．特に，右辺の x^{n-1} 次の係数は $-(\alpha_1+\alpha_2+\cdots+\alpha_n)$ であり，左辺の x^{n-1} 次の係数 a_1 と比較して

$$-a_1 = \alpha_1 + \alpha_2 + \cdots + \alpha_n$$

が得られる．また，定数項を比較すると

$$a_n = (-1)^n\alpha_1\alpha_2\cdots\alpha_n$$

が得られる．この他の次数についても解と係数の関係を導くことができるが，特にこの 2 つがよく使われる．a_n についての解と係数の関係は，「整数係数の多項式の整数解は a_n の約数」という形で使われることが多い．

3.1.2 1 の n 乗根

1 の n 乗根，つまり，方程式 $z^n=1$ の解はいろいろと美しい性質を持っている．高校の数学でも扱われているのだが，1 の n 乗根の性質は教科書の章末問題レベルで手に負えるものではない．数学オリンピックでも，実際には 1 の n 乗根はお気に入りのテクニックの 1 つなのであるが，複素数は世界のすべての国で教えられているわけでもないので，国際数学オリンピックでは多少遠慮がちに用いられている．しかし，日本数学オリンピックでは，後でみるように，真っ向から複素数の問題が出題される．

1 の n 乗根は，幾何学的に単位円の“回転”として捉えることが肝心である．

a. 複素数の極座標表示

複素数 $z=x+iy$ に平面上の点 (x, y) を対応させる．この平面を**複素数平面**とか**ガウス平面**という．このとき 絶対値 $|z|$ は原点 0 と z の間の距離である．また，$z \neq 0$ のとき，原点と z を結ぶ線分までの角を，x 軸の正の方向から反時計回りに測った角度を z の**偏角**といい，$\arg z$ と書く．

例 20. $\arg i = 90°$, $\arg(-3) = 180°$, $\arg(-6i) = 270°$
$\arg 2 = 0°$, $\arg(1+i) = 45°$

複素数 $z = x + yi$ の偏角 $\arg z$ を θ, 絶対値 $|z|$ を r とすると,

$$x = r\cos\theta, \quad y = r\sin\theta$$

だから

$$z = r(\cos\theta + i\sin\theta)$$

と表される. これを z の**極座標表示**という.

三角関数の加法定理などにより, 次の公式が得られる.

$$\arg(z_1 z_2) = \arg z_1 + \arg z_2$$

$$\arg\frac{1}{z} = -\arg z$$

$$\arg\overline{z} = -\arg z$$

が成り立つ.

b. オイラーの公式

三角関数 $\cos\theta$, $\sin\theta$ は直角三角形の辺の比から導入された幾何学的な根拠を持った関数である. それに対して指数関数 $y = e^x$ は "かけ算の繰り返し" を表す "指数" を根拠とする関数である. このように, 出身はまったく異なっているにもかかわらず, 虚数を経由すると両者が結びつくと主張しているのが, 次の「オイラーの公式」である.

オイラーの公式 $e^{i\theta} = \cos\theta + i\sin\theta$

さて, この "公式" の証明だが, 実は "証明" と言われても困るのだ. というのも, 指数関数の変数が虚数のケースは, まだ定義されていないので, 定義されていないものについての等式を証明せよといわれても困るのだ. テイラー展開というものを学ぶと, 指数関数の変数が複素数の場合も考えることができるようになり, 三角関数と指数関数のテイラー展開を比較することによりオイラーの公式を証明することが可能になる. しかし, ここではテイラー展開を持ち出

すわけには行かないので，オイラーの公式は「まだ定義されていない左辺を右辺の複素数として定義している」と考えて，公式ではなく“定義”とみなすことにしよう．このように定義した場合，重要なことは指数関数についての通常の公式

$$e^u \cdot e^v = e^{u+v}, \quad (e^u)^n = e^{nu}$$

が u, v が虚数の場合でも成立するということである．これは直接計算すれば確かめられることなので，自分で確認してみて欲しい．

オイラーの公式は数学オリンピックの必要予備知識というわけではない．しかし，この公式を知っているといないでは，やはり複素数の振る舞いについての理解に差がついてくるのだ．この段階では，“不思議な公式”（もしくは変な定義）という程度の理解でよいから，とりあえず使ってみることが大事であろう．

c. 1 の $\boldsymbol{n}$ 乗根

n 次方程式 $z^n = 1$ は n 個の異なる複素数解を持ち，その解はすべてガウス平面上で $|z| = 1$ で表される半径 1 の円周上にあり，それらの偏角は順に $0°$, $\frac{360°}{n}, 2 \times \frac{360°}{n}, 3 \times \frac{360°}{n}, \cdots, (n-1) \times \frac{360°}{n}$ である．これらを **1 の $\boldsymbol{n}$ 乗根**という．とくに，偏角が $\frac{360°}{n}$ のものは**原始 $\boldsymbol{n}$ 乗根**とよばれる．

ζ (ゼータ) が原始 n 乗根ならば，$x^n = 1$ の解は

$$1, \zeta, \zeta^2, \zeta^3, \cdots, \zeta^{n-1}$$

の n 個である．ζ^n, ζ^{n+1}, ζ^{n+2} 以下は，それぞれ $1, \zeta, \zeta^2$ となり周期 n の繰り返しになる．

弧度法で表すならば 1 の n 乗根の偏角は

$$0, \frac{2\pi}{n}, 2\frac{2\pi}{n}, \cdots, (n-1)\frac{2\pi}{n}$$

である．また，ζ^k を極座標で表すと

$$\zeta^k = \cos k\frac{2\pi}{n} + i \sin k\frac{2\pi}{n}$$

であり，また，“オイラーの公式”を用いて表すと

$$\zeta^k = e^{ik\frac{2\pi}{n}}$$

となる．やはり，この表現が“ζ^k は $\zeta = e^{i\frac{2\pi}{n}}$ の k 乗”という関係がダイレクトに読みとれて，一番見通しがよさそうである．

d. 単位円の n 等分

すでに調べたように，1 の n 乗根

$$1, \zeta, \zeta^2, \cdots, \zeta^{n-1}$$

の偏角は

$$0, \frac{2\pi}{n}, 2\frac{2\pi}{n}, \cdots, (n-1)\frac{2\pi}{n}$$

である．これは，複素平面上の単位円を 1 から始めて n 等分した分点に $1, \zeta, \zeta^2, \cdots, \zeta^{n-1}$ が順に配置されていることを意味する．ここで，複素数 $z_1 = x_1 + y_1 i$ と $z_2 = x_2 + y_2 i$ の和 $z_1 + z_2 = x_1 + x_2 + (y_1 + y_2)i$ は，$(x_1, y_1), (x_2, y_2)$ を平面ベクトルの和とみなしたときのベクトルの和となっていることと，単位円を n 等分した n 個の分点を終点とする n 本のベクトルの和は零ベクトルとなることを考慮すると，ただちに，$1, \zeta, \zeta^2, \cdots, \zeta^{n-1}$ の和が 0 であることがわかる．つまり

$$1 + \zeta + \zeta^2 + \cdots + \zeta^{n-1} = 0$$

この等式は，方程式 $z^n - 1 = 0$ における解と係数の関係として導くこともできる．

さて，上の等式は,「1 の原始 n 乗根を ζ とするとき，ζ の 0 乗から始めて $(n-1)$ 乗までの和をとると 0 になる」ということである．ここで原始 n 乗根 ζ ではなく単に 1 の n 乗根 ζ^k に対して“0 乗から始めて $(n-1)$ 乗までの和”

$$1 + \zeta^k + \zeta^{2k} + \cdots + \zeta^{(n-1)k}$$

を考えたらどうなるだろうか．まず，例を調べてみよう．

例 21. $n = 7$ として，ζ は 1 の原始 n 乗根，$k = 3$ とする．このとき

$$(\zeta^3)^0 = 1, (\zeta^3)^1 = \zeta^3, (\zeta^3)^2 = \zeta^6, (\zeta^3)^3 = \zeta^2, (\zeta^3)^4 = \zeta^5, (\zeta^3)^5 = \zeta, (\zeta^3)^6 = \zeta^4$$

となり，

$$(\zeta^3)^0,\ (\zeta^3)^1,\ (\zeta^3)^2,\ (\zeta^3)^3,\ (\zeta^3)^4,\ (\zeta^3)^5,\ (\zeta^3)^6$$

は $1, \zeta, \zeta^2, \zeta^3, \zeta^4, \zeta^5, \zeta^6$ と（順番が違うだけで）一致する．したがって，この場合も

$$1 + (\zeta^3)^1 + (\zeta^3)^2 + (\zeta^3)^4 + (\zeta^3)^5 + (\zeta^3)^6 = 0$$

が成り立つ．

このように書くと記号がごちゃごちゃしていて難しそうにみえるのだが，単位円の n 等分という視点でみると，上の理屈は本質的には

> 池の周りに 7 個の石が置いてあります．2 つ跳びに石を渡っていくとすべての石に 1 回ずつ乗って元に戻ります．

という中学入試問題的な事実を使っているにすぎない．

例 22. $n = 6$ として，ζ は 1 の原始 n 乗根，$k = 2$ とする．このとき

$$(\zeta^2)^0 = 1,\ (\zeta^2)^1 = \zeta^2,\ (\zeta^2)^2 = \zeta^4,\ (\zeta^2)^3 = 1,\ (\zeta^2)^4 = \zeta^2,\ (\zeta^2)^5 = \zeta^4$$

となり，

$$(\zeta^2)^0,\ (\zeta^2)^1,\ (\zeta^2)^2,\ (\zeta^2)^3,\ (\zeta^2)^4,\ (\zeta^2)^5$$

には $1(= \zeta^0), \zeta^2, \zeta^4$ が（順番を無視して）それぞれ 2 回ずつ現れることがわかる．したがって

$$1 + (\zeta^2)^1 + (\zeta^2)^2 + (\zeta^2)^3 + (\zeta^2)^4 + (\zeta^2)^5 = 2(1 + \zeta^2 + \zeta^4)$$

となるが，ここで ζ^2 は 1 の原始 3 乗根であることに気づくと，$1+\zeta^2+\zeta^4 = 0$，であること，よって，

$$1 + (\zeta^2)^1 + (\zeta^2)^2 + (\zeta^2)^3 + (\zeta^2)^4 + (\zeta^2)^5 = 0$$

であることがわかる．

このような例を調べると，一般に次の結果が成り立つことがわかる．

定理 4. ζ を 1 の原始 n 乗根，k は n の倍数でない正の整数とする．このとき

$$1+\zeta^k+\zeta^{2k}+\zeta^{3k}+\cdots+\zeta^{(n-1)k}=0$$

である．

この定理で,「k は n の倍数でない」という条件は欠かすことができない．k が n の倍数のときは，上の和の各項はすべて 1 となってしまい，和は n となる．

— 問題 5. — 日本数学オリンピック予選 1999 [11]

n を自然数とし，$i=\sqrt{-1}$, $\alpha=\cos\left(\frac{2\pi}{n}\right)+i\sin\left(\frac{2\pi}{n}\right)$ とする．m を自然数で $1 \leqq m \leqq n$ とする．このとき，次の和を計算して 1 つの分数式で表せ．

$$\sum_{k=0}^{n-1}\frac{\alpha^{mk}}{x-\alpha^k}$$

［解答］ α は 1 の n 乗根であり，$\alpha^n=1$ となる．また，任意の整数 k に対して $(\alpha^k)^n=(\alpha^n)^k=1$ が成り立つ．

因数分解の公式

$$x^n-y^n=(x-y)(x^{n-1}+x^{n-2}y+\cdots+xy^{n-2}+y^{n-1})$$

において y に α^k を代入すると

$$\begin{aligned}\frac{x^n-1}{x-\alpha^k}&=x^{n-1}+\alpha^k x^{n-2}+\cdots+(\alpha^k)^{n-2}x+(\alpha^k)^{n-1}\\&=\sum_{j=0}^{n-1}(\alpha^k)^j x^{n-1-j}\end{aligned}$$

である．したがって

$$\begin{aligned}(x^n-1)\sum_{k=0}^{n-1}\frac{\alpha^{mk}}{x-\alpha^k}&=\sum_{k=0}^{n-1}\alpha^{mk}\frac{x^n-1}{x-\alpha^k}\\&=\sum_{k=0}^{n-1}\alpha^{mk}\left(\sum_{j=0}^{n-1}(\alpha^k)^j x^{n-1-j}\right)\end{aligned}$$

$$= \sum_{j=0}^{n-1} \left(\sum_{k=0}^{n-1} (\alpha^{m+j})^k \right) x^{n-1-j} \cdots\cdots (*)$$

ここで $m+j$ が n の倍数でないときは，$\sum_{k=0}^{n-1}(\alpha^{m+j})^k = 0$ となる．これが 0 とならないのは，$m+j$ が n の倍数のときのみであり，この場合，$\alpha^{m+j} = 1$ だから，$\sum_{k=0}^{n-1}(\alpha^{m+j})^k = \sum_{k=0}^{n-1} 1 = n$.

したがって，$(*)$ 式右辺の j についての総和は，$j = n-m$ のみを考慮すればよく，

$$\sum_{j=0}^{n-1} \left(\sum_{k=0}^{n-1} (\alpha^{m+j})^k \right) x^{n-1-j} = nx^{m-1}$$

よって

$$\sum_{k=0}^{n-1} \frac{\alpha^{mk}}{x-\alpha^k} = \frac{nx^{m-1}}{x^n - 1}$$

Ans. $\dfrac{nx^{m-1}}{x^n-1}$

この問題は，因数分解の公式

$$x^n - y^n = (x-y)(x^{n-1} + x^{n-2}y + \cdots + xy^{n-2} + y^{n-1})$$

を利用することに気づけばそれほど難しくない．しかし,「なぜ気づくのか」と聞かれると困る．このあたりの感性は問題を解いているうちに自然に身に付くもの，といってしまうのが無難なのだろうが（人によっては「当たり前でしょ」と答えて終わりかもしれない)，あえて「なぜ因数分解をもちだすのか」の理由をこじつけてみよう．

分数式の総和は計算しづらい．整式の総和なら各項の総和をとればよいだけなのだが，分数式では，そんなに簡単ではない．そこで，よくとられるアプローチは $\frac{1}{1-x}$ のようなタイプの式は等比級数の和の公式

$$\frac{1}{1-x} = 1 + x + x^2 + x^3 + \cdots$$

を用いて “整式” に直してから総和をとる，というやり方である．たとえば，

$\sum_{k=0}^{n-1} \frac{1}{1-\alpha^k x}$ ならば

$$\sum_{k=0}^{n-1} \frac{1}{1-\alpha^k x} = \sum_{k=0}^{n-1}(1+\alpha^k x+\alpha^{2k}x^2+\cdots)$$

として計算する—と言いたいのだが，これは“無限級数の収束性の問題”が絡むだけに，やはりまずい．そこで,「無限等比級数ではなく，適切な項で打ち切った有限等比級数を考えれば？」ということになり，この場合

$$1+\alpha^k x+\alpha^{2k}x^2+\cdots+\alpha^{(n-1)k}x^{(n-1)} = \frac{1-\alpha^{nk}x^n}{1-\alpha^k x} = \frac{1-x^n}{1-\alpha^k x}$$

とするとうまく行く．つまり

$$\begin{aligned}
&(1-x^n)\sum_{k=0}^{n-1}\frac{1}{1-\alpha^k x} \\
&= \sum_{k=0}^{n-1}(1+\alpha^k x+\alpha^{2k}x^2+\cdots+\alpha^{(n-1)k}x^{n-1}) \\
&= \sum_{k=0}^{n-1}1+\left(\sum_{k=0}^{n-1}\alpha^k\right)x+\left(\sum_{k=0}^{n-1}\alpha^{2k}\right)x^2+\cdots+\left(\sum_{k=0}^{n-1}\alpha^{n-1}k\right)x^{n-1} \\
&= n \quad (\text{最初の項以外はすべて } 0 \text{ になるから})
\end{aligned}$$

ところで，“等比級数の和の公式”

$$1+\alpha^k x+\alpha^{2k}x^2+\cdots+\alpha^{(n-1)k}x^{n-1} = \frac{1-\alpha^{nk}x^n}{1-\alpha^k x} = \frac{1-x^n}{1+\alpha^k x}$$

は言い換えれば，因数分解の公式

$$1-x^n = (1-\alpha^k x)(1+\alpha^k x+\alpha^{2k}x^2+\cdots+\alpha^{(n-1)k}x^{n-1})$$

なのだから，このタイプの問題では“因数分解の公式”を使うことを試みるとよい（両辺に x^{-n} をかけて，x^{-1} をあらためて x と書くことにすれば，前に使った公式が得られる）．はたしてこれで説明になっているだろうか？

3.2 線 形 性

3.2.1 線 形 代 数

a. 線形と非線形

“線形性” は耳慣れない単語だと思うが，数学に限らず，およそサイエンスと称するもの全般にわたって，最も重要なキーワードである．

極めて乱暴な言い方をするならば，“線形” は “比例” とか “重ね合わせ” に相当する．たとえば,「ある仕事に投入する人員を 2 倍にすると，成果も 2 倍になる」とか「輸出の増加が経済成長に 2% 貢献し，公共事業の大盤振る舞いが 1% 貢献するならば，両方で経済成長は 3% 増える」といった観点である．実際には，人員を 2 倍にしても成果が 2 倍になるかわからないし，また，公共事業の効果と輸出も相互に関連していて，独立に効果が加算されるわけではない．そもそも，小学校の算数的正確さで考えるならば，解答は「$1.02 \times 1.01 = 1.0302$ だから 3.02% 増える」とすべきだ．しかし，いろいろ批判はあるにしても，このような単純な見方は，ものごとを捉える基本として極めて使い勝手がよい観点なのだ．

その理由により，小学校では正比例をいやになるくらい教えたし，また，中学になっても関数 $y = ax$ という形で正比例の発展を強調してきたわけだ．また，微分法も “線形でない関数を線形な関数で近似する計算” と捉えることができる．さらに，変数が複数の場合の正比例を扱うためにベクトルが登場し，大学にはいると “線形性” の一般理論を「線形代数」という科目で 1 年間かけてじっくり勉強することになる．

ここでは，線形代数までは踏み込まないが，空間ベクトルを例にとって簡単に大枠をみておこう．

b. ベクトルとスカラー

まず，空間ベクトル全部の集合を V とする．また，ここでは $\mathbb{K}$ を実数の集合 $\mathbb{R}$ として，$\mathbb{K}$ をスカラーとよぶ．このとき，

(1) $\vec{u}, \vec{v} \in V$ に対して，その和

$$\vec{u}+\vec{v}\in V$$

を対応させる演算

(2) $\vec{u}\in V$ とスカラー $c\in\mathbb{K}$ に対して $\vec{u}$ のスカラー倍

$$c\vec{u}\in V$$

を対応させる演算

という2つの演算が与えられ，これらの演算について分配法則

$$c(\vec{u}+\vec{v})=c\vec{u}+c\vec{v}$$

をはじめとしていくつかの演算法則が成り立つ．

ここでは，V は空間ベクトルの集合としたが，平面ベクトルとしてもよいし，また，もっと高次元のベクトルを考えることもある．一般には，集合 V の2つの要素 u, v に対して "和"$u+v$ が定義され，集合 V の要素 u とスカラー c に対して cu が定義されていて，分配法則等のいくつかの指定された演算法則を満たすとき，V をベクトル空間，もしくは線形空間という．また，スカラー $\mathbb{K}$ については，ここでは実数 $\mathbb{R}$ としたが，これを有理数 $\mathbb{Q}$ に制限することもできるし，また，もっと広く複素数 $\mathbb{C}$ とすることもできる．さらに（多少意味合いは異なってくるのだが）$\mathbb{K}$ として整数 $\mathbb{Z}$ を指定することもできる．

ベクトルとスカラーという言葉は，高校の数学でも触れているかもしれないが，そこでの説明は「ベクトル $(1,-2,\sqrt{3})$ とスカラー $\sqrt{3}$」という風に，"単独の数" としてのスカラーと複数の数を成分とする "大きさと向きを持った" ベクトルというニュアンスではないだろうか．つまり,「スカラーはベクトルの成分」というニュアンスである．しかし，これからは，スカラーはベクトルの成分からは切り離して，単に指定されたものとして捉えることになる．たとえば，実数を成分とする空間ベクトルについてもスカラー $\mathbb{K}$ として有理数 $\mathbb{Q}$ を考えることも許すことになる．つまり，この場合，実数を成分とするベクトルのスカラー倍として有理数をかけることしか許さないわけだ．

3.2.2 線形独立，線形従属

線形代数に“線形独立”と“線形従属”という基本概念があり，これについて知っておくと数学オリンピックの問題を解く上でもいくぶん見通しがよくなるので，ざっとみておくことにしよう．ここで本質的なことは「なにをスカラーとして指定しているか」という点である．

例 23. 平面ベクトル $\vec{u}=(1,-2)$ はベクトル $\vec{v}=(\sqrt{2},-2\sqrt{2})$ に $\frac{1}{\sqrt{2}}$ をかけたものとして表される．つまり，$\vec{u}=\frac{1}{\sqrt{2}}\vec{v}$．この式は，$\sqrt{2}\vec{u}+(-1)\vec{v}=\vec{0}$ と書き直すこともできる．

例 24. $\vec{u}=(1,-2)$, $\vec{v}=(0,2)$ とすると，a_1, a_2 をどのように選んでも（ただし，$a_1=a_2=0$ のケースは除く）$a_1\vec{u}+a_2\vec{v}=\vec{0}$ と表すことは不可能である．つまり，$\vec{u}$ と $\vec{v}$ に対しては，

$$a_1\vec{u}+a_2\vec{v}=\vec{0} \quad \text{ならば} \quad a_1=a_2=0$$

が成り立つ．

ベクトル $\vec{u}=(1,-2)$, $\vec{v}=(0,2)$ のように，条件

$$a_1\vec{u}+a_2\vec{v}=\vec{0} \quad \text{ならば} \quad a_1=a_2=0$$

を満たす 2 つのベクトルを**線形独立**なベクトルという．また，ベクトル $\vec{u}=(1,-2)$, $\vec{v}=(\sqrt{2},-2\sqrt{2})$ のようにこの条件を満たさないならば，**線形従属**であるという．

線形独立なベクトルについて成り立つ大切な性質がある．

定理 5. $\vec{u},\vec{v}$ は線形独立であるとする．このとき，ベクトル $\vec{w}$ が $a_1\vec{u}+a_2\vec{v}=\vec{w}$ と表されているならば，このような表し方は一意である．つまり，他の係数を選んで表すことは不可能である．

［証明］ $a_1\vec{u}+a_2\vec{v}=\vec{w}$ の他に $b_1\vec{u}+b_2\vec{v}=\vec{w}$ と表されたとする．この 2 つの等式の両辺の差をとると $(a_1-b_1)\vec{u}+(a_2-b_2)\vec{v}=\vec{0}$ が得られる．ここで，$\vec{u},\vec{v}$ は線形独立なので，定義により，$a_1-b_1=0$ かつ $a_2-b_2=0$ である．つまり，$a_1=b_1$ かつ $a_2=b_2$ であり，結局は同じ表現にすぎない．

さて，2つのベクトルについてではなく，2つの実数について線形独立を考えたらどうなるだろうか．つまり，$V=\mathbb{R}$ としたらどうなるだろうか．もちろん，これはナンセンスである．つまり，どのような2つの実数 u, v についても，常に どちらかは0でない係数 a_1, a_2 を選んで $a_1u+a_2v=0$ と表すことが可能である．しかし，ここで，係数 a_1, a_2 を，実数のなかで選ぶのではなく，たとえば「有理数から選ぶ」と制限してしまうと，話は違ってくる．

例 25. $u=1, v=\sqrt{2}$ とするとき，$a_1u+a_2v=0$ を満たす有理数 a_1, a_2 は $a_1=a_2=0$ 以外に存在しない．

つまり，$V=\mathbb{R}, \mathbb{K}=\mathbb{Q}$ とするとき，$1, \sqrt{2}\in V$ は "線形独立" なわけだ．

それでは，一般の線形空間において線形独立の定義をしておこう．

定義 6. スカラーを $\mathbb{K}$ とする線形空間 V において，$v_1, \cdots, v_k \in V$ とする．このとき，条件

$$a_1v_1+\cdots+a_kv_k=0$$

を満たす $a_1, \cdots, a_k \in \mathbb{K}$ は $a_1=\cdots=a_k=0$ 以外に存在しないならば，$v_1, \cdots, v_k$ は線形独立であるという．$v_1, \cdots, v_k$ が線形独立でないときは $v_1, \cdots, v_k$ は線形従属であるという．

コメント [1]

$v_1, \cdots, v_k$ が線形従属であるとしよう．このとき，

$$a_1v_1+\cdots+a_kv_k=0$$

を満たす $a_1, \cdots, a_k \in \mathbb{K}$ が存在し，そのうちの少なくとも1つは0ではない．たとえば，$a_1\neq 0$ であるとしよう．すると，

$$a_1v_1=-a_2v_2-\cdots-a_kv_k$$

と移項しておいてから両辺を a_1 で割ることにより（ここで $a_1\neq 0$ が必要になる）

$$v_1=\left(-\frac{a_2}{a_1}\right)v_2+\cdots+\left(-\frac{a_k}{a_1}\right)v_k$$

と表すことができる．つまり，v_1 は $v_2, \cdots, v_k$ で表すことができ，"余分である"．

コメント [2]

さて，ここでスカラーとして $\mathbb{Q}$ ではなく $\mathbb{Z}$ を考えているとすると，状況は少し異なってくる．つまり，線形独立や線形従属の定義は $a_1, \cdots, a_k$ を整数に制限することでそのまま通用するのだが，上の“両辺を a_1 で割る”という操作が，整数の範囲では不可能になる（$a_1, \cdots, a_k$ がすべて a_1 の倍数である場合を除いて）．スカラーとして $\mathbb{Z}$ のように“わり算”ができないものを選んだときには“線形空間”とはいわず，“モジュール”というべきである．しかし，ここでは特に区別せずに，この場合についても線形独立，線形従属などの言葉をそのまま用いることにする．

さて，せっかく線形独立，線形従属とものものしい言葉を導入したのだが，これらの概念を知っていないと数学オリンピックの問題が解けないわけではない．たとえば，次の問題は大げさにいえば線形独立性に絡んだ問題なのだが，この程度のものならば特に“線形独立”と構えてかからなくても十分に解くことができる．この段階では，線形独立，線形従属といった見方をすると，いくらか気持ちの整理がつくという程度のことであろう．ただ，数学を後々勉強してゆく場合，早めにこれらの概念になじんでおくことが潜在的なパワーになってくると期待されるのだ．

それでは，問題を解いてみよう．

— 問題 6. — 日本数学オリンピック予選 2000 [6]

n を自然数とする．有理数係数の $2n$ 次方程式

$$x^{2n} + a_1 x^{2n-1} + a_2 x^{2n-2} + \cdots + a_{2n-1} x + a_{2n} = 0$$

の解は，すべて

$$x^2 + 5x + 7 = 0$$

の解にもなっている．このとき係数 a_1 の値を求めよ．

［解答］ 方程式 $x^2 + 5x + 7 = 0$ の解は $\lambda_1 = \frac{-5+\sqrt{-3}}{2}$, $\lambda_2 = \frac{-5-\sqrt{-3}}{2}$ であり，また，代数学の基本定理により，上の $2n$ 次の方程式は $2n$ 個の解

$$\mu_1, \mu_2, \cdots, \mu_{2n}$$

を持つ．解と係数の関係により

$$\mu_1+\mu_2+\cdots+\mu_{2n}=-a_1$$

が成り立つ．これらの $2n$ 個の解はいずれも方程式 $x^2+5x+7=0$ の解となるので，k,l を $k+l=2n$ を満たす整数として，$2n$ の解のうちの k 個は λ_1 と一致し，l 個は λ_2 と一致する．以上より，

$$-a_1=k\lambda_1+l\lambda_2,\quad k+l=2n$$

を満たす整数 k,l が存在することがわかる．

さて，$u=1, v=\sqrt{-3}$ とおくと，λ_1,λ_2 は $\lambda_1=-\frac{5}{2}u+\frac{1}{2}v$, $\lambda_2=-\frac{5}{2}u-\frac{1}{2}v$ と表される．$V=\mathbb{C}$ とおくと，u,v はスカラーを $\mathbb{Q}$ とする線形空間 V において線形独立であり，したがって，$k\lambda_1+l\lambda_2=-a_1$ を満たす有理数 k,l が存在するならば（すでに，そのような整数 k,l が存在することを確認してあるのだが），つまり

$$k\left(-\frac{5}{2}u+\frac{1}{2}v\right)+l\left(-\frac{5}{2}u-\frac{1}{2}v\right)=-a_1$$

を満たす有理数 k,l が存在するならば，$a_1=a_1u$ なので

$$\left((k+l)\left(-\frac{5}{2}\right)+a_1\right)u+\frac{k-l}{2}v=0$$

となり，u,v は線形独立であることから，

$$(k+l)\left(-\frac{5}{2}\right)+a_1=0,\quad \frac{k-l}{2}=0$$

が得られる．よって，$k=l$ であり，また，

$$a_1=\frac{5}{2}(k+l)$$

となる．さらに，$k+l=2n$ だから

$$a_1=5n$$

が成り立つことがわかる．

Ans. $5n$

4
数　　論

“数論”，もしくは “整数論” と呼ばれる分野でのテーマは，数学オリンピックでは「整数についての問題を解くこと」である．これは言葉の意味からすれば，ごく当然のことであり，数学オリンピックに限らず，今から 200 年前の数学でも当然のことであった．一方，現代の数学では整数論の対象は，いわゆる整数に限定されず，$3+\sqrt{5}$ のような数（これを “整数” と考える．普通の意味では有理数ですらないのに！）を調べることも整数論の守備範囲に含まれる．

この本での，“数論” は，もちろん数学オリンピックでの “狭い意味での” 数論であり，テーマは整数（と有理数）である．しかし，“狭い意味での” といってもかなりの広さであり，数論のひととおりの初歩を述べるだけでも「この本にそれを書くにはページ数が不足している」ということになる．

最近の国際数学オリンピックの問題にチャレンジするためには，数論のひととおりの初歩を知っていないと安心できない．しかし，幸いなことに，日本数学オリンピック予選なら，あまり装備を身につけていなくても解くことのできる問題が多い．この章では，数論に関連して準備する装備は合同式だけに留めて，どんどん問題を解いてみることにしよう．

4.1 合　同　式

合同式を使って解ける問題は「割った余りに着目して考える」というセンスでいろいろ工夫すれば，合同式で計算しなくても解くことができる．つまり，原理的には合同式は不要なのだ．しかし，合同式というものは，過去に多くの数学者が生み出した “色々な工夫” を結晶化したようなものであり，それを用いると，いちいち頭で考えなくても手を動かして計算するだけで結論を得ることができる．合同式は，とにかく使いやすい“マシーン”なのだ．また，簡単に身につけられるものなので，この際にマスターしてしまおう．

4.1.1　合同式の定義

2つの整数 a, b について，a, b の差が正整数 m で割り切れるとき，

$$a \equiv b \mod m$$

と書き，

a は b と，m を法として合同である

(a is congruent to b modulo m)

という．

$a \equiv b \bmod m$ のとき，k を整数として $a = b + km$ と表すことができる．また，$a \equiv b \bmod m$ のとき，a を m で割った余りと b を m で割った余りは等しい．

例 26.

$$\begin{aligned} &13 \equiv 4 \mod 9, &&13 \equiv 1 \mod 3, &&100 \equiv 0 \mod 4 \\ &16 \equiv 16 \mod 17, &&33 \equiv -1 \mod 17, &&-3 \equiv 2 \mod 5 \end{aligned}$$

上の例で，たとえば $33 \equiv -1 \bmod 17$ は，$a = 33$, $b = -1$ として $a - b = 33 - (-1) = 34 = 17 \times 2$ であることからわかる．

4.1.2　基本性質

合同式の基本性質をまとめておく．いずれも証明は難しくない．

a. 同値関係

合同式では法 m は固定して考えることが多いのだが，最初にまず，法を変えるときの性質を片づけておこう．

定理 6（**合同式の性質 1**）正整数 n が正整数 m の倍数で，かつ $a \equiv b \bmod n$ ならば

$$a \equiv b \mod m$$

定理 7（合同式の性質 2）任意の整数 a は 正整数 m を法として $0, 1, \cdots, m-1$ のいずれかと合同である．

これは，“余り”の定義からわかる．

次は，法 m を固定して考えると

合同式“$\equiv$”は等号“$=$”と似ている

という主張である．

定理 8（合同式の性質 3： 同値関係）

(1) $a \equiv a \mod m$

(2) $a \equiv b \mod m$ ならば $b \equiv a \mod m$

(3) $a \equiv b \mod m$ かつ $b \equiv c \mod m$
ならば
$a \equiv c \mod m$

たとえば，(3) は $a - b = mk$, $b - c = ml$ ならば，

$$\begin{aligned} a - c &= (a-b) + (b-c) = mk + ml \\ &= m(k+l) \end{aligned}$$

であることからわかる．

b. 演算との関係

それでは，もっとも使いでのある性質に行こう．これらは,「合同式“$\equiv$”の計算は等号“$=$”の計算とほとんど同じ」ということをいっている．

定理 9（合同式の計算法）$a_1 \equiv a_2 \mod m$ かつ $b_1 \equiv b_2 \mod m$ ならば

(1) $a_1 + b_1 \equiv a_2 + b_2 \mod m$

(2) $a_1 - b_1 \equiv a_2 - b_2 \mod m$

(3) $a_1 \cdot b_1 \equiv a_2 \cdot b_2 \mod m$

たとえば (3) は，次のようにして導かれる．

$$a_1 \equiv a_2 \mod m \text{ だから } a_2 = a_1 + mk$$

$$b_1 \equiv b_2 \mod m \text{ だから } b_2 = b_1 + ml$$

と表され，したがって

$$\begin{aligned} a_2 b_2 &= (a_1 + mk)(b_1 + ml) \\ &= a_1 b_1 + (a_1 l + k b_1 + mkl)m \end{aligned}$$

よって，$a_2 b_2 \equiv a_1 b_1 \mod m$.

他も同様に示される．

4.1.3　合同式を用いる問題

それでは，合同式を用いて数学オリンピックの問題を解いてみよう．ただし，「合同式を用いて」といっても，単に余りに着目しているだけのものから，合同式を本格的に使って計算する問題まで，さまざまである．

— 問題 7. — 日本数学オリンピック予選 2000 [2]

$3a + 5b$（ただし，a, b は 0 以上の整数）の形で表せない自然数の最大値を求めよ．

［解答］　数論の問題では，まず“実験”からスタートするのがよい．

小さい数から順に調べてゆくと $n = 7$ が $3a + 5b$ の形に表せない数としてみつかる（a, b として負の数も許容するならば，$7 = 3 \times (-1) + 5 \times 2$ と表せるが）．これより大きな数では $3a + 5b$ の形に表せない数はみつけられないので，7 が答えの候補になる．日本数学オリンピック予選は解答のみを要求しているのだから，この候補にかけることにして他の問題へ進むことも考え得る選択肢であろう．しかし，ここでは，$n > 7$ ならば，a, b を負でない整数として $n = 3a + 5b$ の形に表せることを証明しよう．

まず，

$$\begin{aligned} 8 &= 3 \times 1 + 5 \times 1 \\ 9 &= 3 \times 3 + 5 \times 0 \\ 10 &= 3 \times 0 + 5 \times 2 \end{aligned}$$

である．$n>7$ とすると n は，k を負でない整数として

$$\begin{aligned} n-3k &= 8 \\ n-3k &= 9 \\ n-3k &= 10 \end{aligned}$$

にいずれかの形で表される．よって，n は

$$\begin{aligned} n &= 3\times(1+k)+5\times 1 \\ n &= 3\times(3+k)+5\times 0 \\ n &= 3\times(0+k)+5\times 2 \end{aligned}$$

のいずれかの形で表される． **Ans. 7**

— 問題 8. — 日本数学オリンピック予選 2000 [8]

${}_{40}C_{20}$ を 41 で割った余りを求めよ．

---

2 通りのアプローチで解答してみよう．

[解答 1] とにかく腕力を振るって計算する．

$$\begin{aligned} {}_{40}C_{20} &= \frac{40\cdot39\cdot38\cdot37\cdot36\cdot35\cdot34\cdot33\cdot32\cdot31\cdot30\cdot29\cdot28\cdot27\cdot26\cdot25\cdot24\cdot23\cdot22\cdot21}{20\cdot19\cdot18\cdot17\cdot16\cdot15\cdot14\cdot13\cdot12\cdot11\cdot10\cdot9\cdot8\cdot7\cdot6\cdot5\cdot4\cdot3\cdot2\cdot1} \\ &= 37\cdot31\cdot29\cdot23\cdot13\cdot11\cdot7\cdot5\cdot3^2\cdot2^2 \\ &= 137846528820 \\ &= 3362110459\times41+1 \end{aligned}$$

よって余りは 1．

そんなつもりではなかったが，結果として計算力のテストになってしまったか ?!!

[解答 2] 余りを求めるのであるから合同式を用いて

$$ {}_{40}C_{20}\equiv 1 \mod 41$$

を示す．

$$
\begin{aligned}
{}_{40}C_{20} \cdot 20! &= 40 \times 39 \times \cdots \times 21 \\
&\equiv (-1) \times (-2) \times \cdots \times (-20) \mod 41 \\
&= (-1)^{20} \times 20! \\
&= 20!
\end{aligned}
$$

よって，$({}_{40}C_{20} - 1) \cdot 20! \equiv 0 \mod 41$.

41 は素数なので，41 と 20! は互いに素（つまり，±1 以外の公約数を持たない）．よって ${}_{40}C_{20} - 1 \equiv 0 \mod 41$ であり，${}_{40}C_{20} \equiv 1 \mod 41$.

Ans.　1

この問題の核心は「41 が素数である」という点にある．$({}_{40}C_{20} - 1) \cdot 20! \equiv 0$ を導くまでの計算が重要そうなのだが，この計算は 41 のような素数でなくても成立する．しかし，そこから先の議論では 41 が素数であることが本質的である．たとえば，素数でない数 9 を選んで

${}_{8}C_{4}$を 9 で割ったあまりを求めよ

としたらどうなるだろうか．この場合も

$$
\begin{aligned}
{}_{8}C_{4} \cdot 4! &= 8 \cdot 7 \cdot 6 \cdot 5 \\
&\equiv (-1)(-2)(-3)(-4) \mod 9 \\
&= (-1)^4 4! = 4!
\end{aligned}
$$

だから

$$({}_{8}C_{4} - 1)4! \equiv 0 \mod 9$$

となるのだが，この式から ${}_{8}C_{4} - 1 \equiv 0 \mod 9$ は導かれない．

実際，${}_{8}C_{4}$ を計算してみると ${}_{8}C_{4} = 70$ であり，$({}_{8}C_{4} - 1)4! \equiv 0 \mod 9$ は

$(70 - 1) \cdot 4!$ は 9 の倍数

と主張していることになる．これは，69 と 4! の両方が 3 の倍数だから確かに正しいのだが，69 単独では 9 の倍数にはなれない．つまり，$(70 - 1) \cdot 4!$ は 9

の倍数となるために，4! の因数 3 の助けを借りていたわけだ．このような可能性があるからこそ，上の解答では「41 は素数なので，41 と 20! は互いに素」であること，つまり，「20! は $({}_{40}C_{20}-1)\cdot 20!$ が 41 の倍数であるための助けになっていないこと」を確認したわけだ．

合同式 "≡" の計算は等式 "=" の計算とほとんど平行して行える．しかし，等式では

$$ac = bc \longrightarrow a = b$$

は $c=0$ でなければ成り立つのだが，合同式では $c \not\equiv 0 \bmod n$ であっても

$$ac \equiv bc \bmod n \longrightarrow a \equiv b \bmod n$$

が成り立つとは限らない．これが成り立つためには，$c \not\equiv 0 \bmod n$ だけでは不十分で "c と n は互いに素" でなければならない．ここが合同式の計算で細心の注意を要するところであり，また，問題のネタにもなるところである．

上の問題の結果は，一般には次の命題となる．

定理 10. $p \geqq 3$ が素数のとき

$${}_{p-1}C_{\frac{p-1}{2}} \equiv \pm 1 \bmod p$$

［証明］ $\dfrac{p-1}{2} = m$ とおくと，

$$\begin{aligned} {}_{p-1}C_m \cdot m! &= (p-1)(p-2)\cdots(p-1-m+1) \\ &\equiv (-1)(-2)\cdots(-m) \bmod p \\ &= (-1)^m m! \end{aligned}$$

よって

$$({}_{p-1}C_m - (-1)^m)\, m! \equiv 0 \bmod p$$

p は素数なので，p と $m!$ は互いに素であり，

$${}_{p-1}C_m \equiv (-1)^m \bmod p$$

なお，$(-1)^m = \pm 1$ の $\pm$ は m の偶奇で決まるので，p が 4 で割って 1 余る素数なら $+1$，4 で割って 3 余る素数なら -1 である．

— 問題 9. — 日本数学オリンピック予選 **1999 [7]**

$\frac{1999!}{10^n}$ が整数となるような自然数 n の最大値，および，このときの $\frac{1999!}{10^n}$ の一の位の数字を答えよ．

コメント

持って回った表現の問題文にみえるが，実はこの問題文は，典型的な思い違いをしないためのサービスである．すっきりと出題するならば

「1999! の末尾に連続してつく 0 の個数はいくつか」

とでも問えばよいのだが，こうすると（表現が多少曖昧だということは措くことにしても），「$2 \times 5 = 10$ という形で末尾の 0 が供給され，偶数の個数は 5 の倍数より多いのだから，1 から 1999 までの 5 の倍数の個数を数えればよい」と考えがちなのだ．しかし，これは違う．たとえば，35! では 1 から 35 までのうち $5, 15, 20, 25, 30, 35$ の 6 個の 5 の倍数によって（5^6 ではなく）5^7 を供給している．これが典型的な落とし穴である．しかし，「およびこのときの $\frac{1999!}{10^n}$ の一の位の数字を答えよ」というところまで踏み込んであると，イージーな評価では答えられないので，かえって間違いが避けられるのだ．

［解答］　1999! の末尾につく 0 は，1 より 1999 までの各整数の素因数 5，2 の積 10 の 0 とみられる．よってまず，1999! の中にある素因数 5，2 の個数を求めてみる．

「1 より 1999 までの各整数の素因数 5 の個数の総和は
$[1999/5] + [1999/5^2] + [1999/5^3] + [1999/5^4] = 399 + 79 + 15 + 3 = 496$
である」

という公式を知っているならば，即座に計算することができる．ここで，記号 $[x]$ は "x を超えない最大の整数" を表す（[　] をガウス記号という）．同様に，1 より 1999 までの各整数の素因数 2 の個数の総和は

$$[1999/2] + [1999/2^2] + \cdots + [1999/2^{10}]$$

$$= 999 + 499 + 249 + 124 + 62 + 31 + 15 + 7 + 3 + 1 = 2020$$

である．

一般に，p を素数として，$n!$ の中にある素因数 p の個数は

$$\left[\frac{n}{p}\right] + \left[\frac{n}{p^2}\right] + \left[\frac{n}{p^3}\right] + \cdots$$

で与えられる（一見，無限数列にみえるが $p^k > n$ となる k については $[\frac{n}{p^k}]$ は 0 になるので，実際は有限数列である）．

この公式を使えば，素因数 2 の個数の 2020 は素因数 5 の個数の 496 より大であるから，末尾の 0 の個数は $n = 496$ 個であることがわかる．

また $\frac{1999!}{2^{496} \times 5^{496}} = \frac{1999!}{10^{496}}$ は偶数であることもわかる

この公式を導くのは難しくない．また，覚えておくと便利な公式ではあるので，この公式を前提として解答を書いてもよいのだが，問題の後半「このときの $\frac{1999!}{10^n}$ の一の位の数字を答えよ」の解答を得るプロセスにはこの公式の導出も含まれてしまう．それでは，公式を前提とせずに,「素因数 5 の個数をシステマティックに数える」という目的意識で $1 \cdot 2 \cdot 3 \cdots 1999$ を変形してみよう．まず，$1 \cdot 2 \cdot 3 \cdots 1999$ に現れる 5 の倍数をすべて 1 に置き換え，5 の倍数は 5 の倍数でまとめて整理すると

$$\begin{aligned}
&1 \cdot 2 \cdot 3 \cdot 4 \cdot 5 \cdot 6 \cdot 7 \cdot 8 \cdot 9 \cdot 10 \cdot 11 \cdots 1998 \cdot 1999 \\
&= 1 \cdot 2 \cdot 3 \cdot 4 \cdot 1 \cdot 6 \cdot 7 \cdot 8 \cdot 9 \cdot 1 \cdot 11 \cdots 1998 \cdot 1999 \\
&\quad \times (5 \cdot 10 \cdot 15 \cdot 20 \cdot 25 \cdot 30 \cdots 1995) \\
&= 1 \cdot 2 \cdot 3 \cdot 4 \cdot 1 \cdot 6 \cdot 7 \cdot 8 \cdot 9 \cdot 1 \cdot 11 \cdots 1998 \cdot 1999 \\
&\quad \times 5^{399}(1 \cdot 2 \cdot 3 \cdot 4 \cdot 5 \cdot 6 \cdots 399)
\end{aligned}$$

（5^{399} の次の括弧の中も同様の変形をすると）

$$\begin{aligned}
&= 1 \cdot 2 \cdot 3 \cdot 4 \cdot 1 \cdot 6 \cdot 7 \cdot 8 \cdot 9 \cdot 1 \cdot 11 \cdots 1998 \cdot 1999 \\
&\quad \times 5^{399}(1 \cdot 2 \cdot 3 \cdot 4 \cdot 1 \cdot 6 \cdots 399) \\
&\quad \times (5 \cdot 10 \cdot 15 \cdots 395)
\end{aligned}$$

$$= 1\cdot2\cdot3\cdot4\cdot1\cdot6\cdot7\cdot8\cdot9\cdot1\cdot11\cdots1998\cdot1999$$
$$\times 5^{399}(1\cdot2\cdot3\cdot4\cdot1\cdot6\cdots399)$$
$$\times 5^{79}(1\cdot2\cdot3\cdots79)$$

（さらに同じ操作を繰り返してゆくと）

$$= 1\cdot2\cdot3\cdot4\cdot1\cdot6\cdot7\cdot8\cdot9\cdot1\cdot11\cdot12\cdot13\cdot14\cdot1\cdots1999$$
$$\times 5^{399}(1\cdot2\cdot3\cdot4\cdot1\cdot6\cdot7\cdot8\cdot9\cdot1\cdot11\cdot12\cdot13\cdot14\cdot1\cdots399)$$
$$\times 5^{79}(1\cdot2\cdot3\cdot4\cdot1\cdot6\cdot7\cdot8\cdot9\cdot1\cdot11\cdot12\cdot13\cdot14\cdot1\cdots79)$$
$$\times 5^{15}(1\cdot2\cdot3\cdot4\cdot1\cdot6\cdot7\cdot8\cdot9\cdot1\cdot11\cdot12\cdot13\cdot14\cdot1)$$
$$\times 5^{3}(1\cdot2\cdot3)$$

ここで，399, 79, 15, 3 は，それぞれ，$[1999/5]$, $[1999/5^2]$, $[1999/5^3]$, $[1999/5^4]$ であり，よって，素因数 5 の個数の総和は

$$[1999/5]+[1999/5^2]+[1999/5^3]+[1999/5^4]=399+79+15+3=496$$

となる．また，

$$\frac{1999!}{5^{496}} = (1\cdot2\cdot3\cdot4\cdot1\cdot6\cdot7\cdot8\cdot9\cdot1\cdot11\cdot12\cdot13\cdot14\cdot1\cdots1999)$$
$$\times(1\cdot2\cdot3\cdot4\cdot1\cdot6\cdot7\cdot8\cdot9\cdot1\cdot11\cdot12\cdot13\cdot14\cdot1\cdots399)$$
$$\times(1\cdot2\cdot3\cdot4\cdot1\cdot6\cdot7\cdot8\cdot9\cdot1\cdot11\cdot12\cdot13\cdot14\cdot1\cdots79)$$
$$\times(1\cdot2\cdot3\cdot4\cdot1\cdot6\cdot7\cdot8\cdot9\cdot1\cdot11\cdot12\cdot13\cdot14\cdot1)$$
$$\times(1\cdot2\cdot3)$$

となる．これを 10 で割った余りを求めたいのだが，そのために，これを 5 で割った余りを求める．つまり，5 を法とする合同式で計算する．このとき，

$$1\cdot2\cdot3\cdot4\cdot1\cdot6\cdot7\cdot8\cdot9\cdot1\cdot11\cdot12\cdot13\cdot14\cdot1\cdots$$

の形の積は，法を 5 とする合同式では

$$1\cdot2\cdot3\cdot4\cdot1\cdot1\cdot2\cdot3\cdot4\cdot1\cdot1\cdot2\cdot3\cdot4\cdot1\cdots$$

と合同であり，1·2·3·4·1 という長さ 5 のパターンの繰り返しになる．よって

$$\begin{aligned}\frac{1999!}{5^{496}} \equiv &(1\cdot 2\cdot 3\cdot 4\cdot 1)^{399}\cdot 1\cdot 2\cdot 3\cdot 4\\ &\times(1\cdot 2\cdot 3\cdot 4\cdot 1)^{79}\cdot 1\cdot 2\cdot 3\cdot 4\\ &\times(1\cdot 2\cdot 3\cdot 4\cdot 1)^{15}\cdot 1\cdot 2\cdot 3\cdot 4\\ &\times(1\cdot 2\cdot 3\cdot 4\cdot 1)^{3}\\ &\times 1\cdot 2\cdot 3\end{aligned}$$

ここで，$1\cdot 2\cdot 3\cdot 4\cdot 1\equiv -1 \bmod 5$ であることに注意して上の式を計算すると，4 と合同であることがわかる．よって，$\frac{1999!}{5^{496}}$ を 5 で割った余りは 4 であり，また，これが偶数であることはすでにわかっているので，10 で割った余りは 4 であることがわかる（$0,1,2,\cdots,9$ のうちで 5 で割って 4 余る偶数は 4 だけである）．

Ans.　n の最大値は 496，$\frac{1999!}{10^{496}}$ の一の位の数字は 4

コメント

数式処理ソフトを使って 1999! を計算してみると，1999! は 5733 桁の数で，

$$1999! = \overbrace{16581\cdots 69504}^{5237\ 桁の数}\times 10^{496}$$

となる．

4.1.4　中国式剰余定理

次の問題を解くためには，**中国式剰余定理**という定理が必要である……といえば，そうなのだが，知らなければ解けないかというと，そんなことはない．この問題では，$n=30=2\cdot 3\cdot 5$ として「1 から 30 までの数を 2, 3, 5 のそれぞれで割った余り」が問題になるのだが，このような具体的な設定では，中国式剰余定理という一般論を知らなくても直感に頼って切り抜けることも可能である（しばしば，誤った直感的推論だが結果だけは正しいということもあるのだが）．

それでは，この場合の“中国式剰余定理”を述べてみよう．

j を $1, 2, 3, \cdots, 30$ のいずれかとして，j に 2 で割った余り，3 で割った余り，5 で割った余りのトリプルを対応させる．たとえば，$j = 17$ には $(1, 2, 2)$, $j = 24$ には $(0, 0, 4)$ を対応させる．こうすると，トリプルの第 1 成分は 0,1 のいずれか，第 2 成分は $0, 1, 2$ のいずれか，第 3 成分は $0, 1, 2, 3, 4$ のいずれかというパターンになる．これらのパターンは，$2 \times 3 \times 5 = 30$ 通りつくれるが，今のところ，これらのパターンのすべてが現れるかどうかはわからない．中国式剰余定理の主張は，逆に，これらのパターンのそれぞれに対して，1 から 30 までの数が（1 つだけ）対応するということである．たとえば，$(1, 1, 3)$ に対応する j を探すと $j = 13$ がみつかり，それ以外には存在しない．

こうなる理由は，$1, 2, 3, \cdots, 30$ にトリプルを対応させる表を自分で書いてみると，よくわかるはずだ．トリプルの成分は，それぞれ周期 $2, 3, 5$ の繰り返しになる．したがって，仮に j_1, j_2 が同じトリプルをもったとすると，

- 第 1 成分が一致するので，$j_2 - j_1$ は第 1 成分の周期 2 で割り切れる
- 第 2 成分が一致するので，$j_2 - j_1$ は第 2 成分の周期 3 で割り切れる
- 第 3 成分が一致するので，$j_2 - j_1$ は第 3 成分の周期 5 で割り切れる

ということになり，$j_2 - j_1$ は $2, 3, 5$ の最小公倍数 30 で割り切れることになる．しかし，これは，$1 \leqq j_1, j_2 \leqq 30$ だから（$j_1 = j_2$ でないかぎり）不可能である．したがって，$1, 2, 3, \cdots, 30$ には，それぞれ異なったトリプルが対応し，トリプルのパターンは 30 通りしかないので，すべてのトリプルが 1 回ずつ現れることが結論される．

同じ推論で，$n = 420 = 3 \times 4 \times 5 \times 7$ に対しても，“$3, 4, 5, 7$ のそれぞれで割った余り” というデータから $1, 2, 3, \cdots, 420$ のうちの 1 つの数が確定する，ということが導かれる．

中国式剰余定理は，これを一般論として述べたものである．ここまで，説明すれば一般論まで拡張するのも難しくないが，きちんと証明を記述しようとすると別のアプローチで証明した方が簡潔に書ける．だからといって，今さら別のアプローチで証明を書くのもいやなので，中国式剰余定理の一般論は，この本では扱わないことにする．

それでは，問題を解いてみよう．

— 問題 10. — 日本数学オリンピック予選 2000 [12]

数列 $a_1, a_2, a_3, \cdots, a_{30}$ は以下の条件 (i), (ii) を満たす．このような数列は何通りあるか．

条件

(i)　$a_1, a_2, a_3, \cdots, a_{30}$ は自然数 $1, 2, 3, \cdots, 30$ の並べ換えである．

(ii)　m が 2, 3, 5 のそれぞれの場合，$1 \leqq n < n + m \leqq 30$ となる任意の n に対して，$a_{n+m} - a_n$ は m で割り切れる．

（注）たとえば，$a_1 = 1, a_2 = 2, a_3 = 3, \cdots, a_{30} = 30$ は条件 (i), (ii) を満たす．

［解答］ 条件を満たす数列 $\{a_i\}$ の各項 a_i を 2 で割った余り (mod 2) を α_i で表すと，数列 $\{\alpha_i\}$ は条件 (ii) より，1 つおきに同じ数になり，(i) より $\{\alpha_i\}$ として $0, 1, 0, 1, \cdots, 0, 1$ と $1, 0, 1, 0, \cdots, 1, 0$ の 2 通り（つまり，最初の 2 つの項を 0,1 の順列としてつくる場合の数）のパターンがあり得る．それ以外の数列，たとえば $1, 1, 1, 1, \cdots, 1$ では，（この場合偶数が現れず）「$1, 2, 3, \cdots, 30$ の並べ替えである」という条件が満たされない．

同様に考えて，

a_i mod 3 がつくる数列 $\{\beta_i\}$ の周期は 3 になり，3! 通り

a_i mod 5 がつくる数列 $\{\gamma_i\}$ の周期は 5 になり，5! 通り

あり得る．

2, 3, 5 で割った余りを指定すると 1 から 30 までの数が 1 つだけ確定するので，問題の条件を満たす数列は $\{\alpha_i\}$，$\{\beta_i\}$，$\{\gamma_i\}$ を指定することにより定められる．よって，求める答えは

$$2! \times 3! \times 5! = 2 \times 6 \times 120 = 1440$$

Ans.　1440

4.2　その他のテクニック

4.2.1　不　等　式

「ある条件を満たす実数を求めよ」というタイプの問題，特に「方程式の解を求めよ」という問題では，「すべての可能性を総当たり的に調べ尽くす」というアプローチは使えない．当たり前のことだが，実数が無限個あるからである．さらに，不等式をうまく使って，解の存在する可能性が $a \leqq x \leqq b$ の範囲だけであるとわかったとしても，やはり，総当たり的アプローチは不可能である．

一方,「ある条件を満たす整数を求めよ」というタイプの問題となると，事情はかなり違ってくる．もちろん，この場合も整数は無限個あるので総当たり的アプローチは不可能なのだが，もしも不等式をうまく使って $a \leqq n \leqq b$ の範囲に絞り込めたとすると，この範囲の整数は有限個しかないので総当たり的アプローチも可能になる．実際には，試験時間という制約があるので，有限個といってもかなり小さな有限個でなくては処理しきれない．そこで，不等式を料理する腕と，その他さまざまなトッピングを用いて,「いかに小さな可能性まで要領よく絞り込むか」というところが腕の見せどころとなる．

— 問題 11. — 日本数学オリンピック予選 1999 [9]

$n = \frac{abc+abd+acd+bcd-1}{abcd}$ が整数となるような 自然数 $a \geqq b \geqq c \geqq d > 1$ の組 (a, b, c, d) をすべて求め，その a の値をすべて答えよ．

［解答］　この問題は，もちろん「数論の問題というよりは不等式の問題」である．数論らしいところは，

$$nabcd = bcd + acd + abd + abc - 1$$

だから，a, b, c, d は互いに素である（つまり，どのペアも ± 1 以外の公約数を持たない）と結論するところくらいである．これは，たとえば a と d が公約数 m を持つと，$abcd, bcd, acd, abc$ はすべて m の倍数になり，m は 1 を割り切ることになってしまうことからわかる．こうして，a, b, c, d は互いに素であり，

特に $a>b>c>d$ であることも結論されるのだが，ここから後は，もっぱら不等式の問題になる．要点は,「ある数より小さな自然数は有限個しかないので，全部をチェックすることができる」ということである．

$$n=\frac{1}{a}+\frac{1}{b}+\frac{1}{c}+\frac{1}{d}-\frac{1}{abcd}\quad\cdots\cdots①$$

において，$a \geqq b \geqq c \geqq d \geqq 2$ であるから

$$n=\frac{1}{a}+\frac{1}{b}+\frac{1}{c}+\frac{1}{d}-\frac{1}{abcd}<\frac{1}{a}+\frac{1}{b}+\frac{1}{c}+\frac{1}{d}\leqq\frac{4}{d}\leqq\frac{4}{2}=2$$

よって，$n=1$ でかつ上の不等式から $1<\frac{4}{d}$ となるので $d \leqq 3$，すなわち $d=2$，または $d=3$ である．また $n=1$ として①より

$$abcd=abc+abd+acd+bcd-1\quad\cdots\cdots②$$

が成り立つ．

(i) $d=3$ のとき，①より

$$\frac{2}{3}=\frac{1}{a}+\frac{1}{b}+\frac{1}{c}-\frac{1}{3abc}<\frac{1}{a}+\frac{1}{b}+\frac{1}{c}\leqq\frac{3}{c}$$

よって $c<\frac{9}{2}$ である．これと $c>d=3$ より，$c=4$

ここから，さらに不等式で b の候補を絞り込むこともできるが，文字が a, b だけなら，次のように因数分解を用いて約数と絡ませて絞り込んでもよい．

$d=3, c=4$ としているので，②より $5ab=12a+12b-1$ が得られる．この両辺に 5 をかけて "因数分解" をすると，$(5a-12)(5b-12)=139$．ここで，139 は素数だから $5a-12, 5b-12$ のどちらかは ±1 でなければならないが，これは 11，もしくは 13 が 5 の倍数であることを意味し矛盾する．よって，この場合，整数解はない．

(ii) $d=2$ のとき，①より

$$\frac{1}{2}=\frac{1}{a}+\frac{1}{b}+\frac{1}{c}-\frac{1}{2abc}<\frac{1}{a}+\frac{1}{b}+\frac{1}{c}\leqq\frac{3}{c}$$

これから $c<6$．さらに，$c>d=2$ より $c=3,4,5$ であり，c と d は互いに素だから，$c=3,5$ のいずれか．

$c=5$ なら②より $3ab=10a+10b-1$ であり，“因数分解” すると，$(3a-10)(3b-10)=97$．この場合も，整数解がないことが確かめられる．

$c=3$ なら②より $ab=6a+6b-1$ であり，$(a-6)(b-6)=35$．ここで，$35=35\times 1$，$35=7\times 5$ のそれぞれから a，b が求められ，$(a,b)=(41,7),(13,11)$ という解が見つかる（その他のケース，たとえば $35=(-5)\times(-7)$ からは問題の条件を満たす解が得られないことも確かめておく）．

以上から，$(n,a,b,c,d)=(1,13,11,3,2),(1,41,7,3,2)$ なる 2 組の解が存在することがわかる．

Ans. 13, 41

コメント

この問題の後半で用いたテクニックは，一般的にいえば,「a, b は $ab=n$ を満たす実数である」という条件では a, b として無限通りの可能性があるが,「a, b は $ab=n$ を満たす整数である」という条件を満たす a, b は有限個しかない，ということである．これも，不等式と並んで，“整数の問題” で役に立つテクニックである．

4.2.2 数の表記

“数” は数学の対象だが，“数の表記” は,「どのように数を表すか」という，むしろ人間の側に属する問題である．たとえば，“22” について「22 は 2 という数字が 2 個並んでいるという特徴を持つ（この特徴を持つ次の数は 333)」ということをいった場合，これは 22 という数についての性質を述べたことになるだろうか．そうではない．これは十進法を用いて表現したからの話であって，数 22 は，人間にとっての把握しづらさを無視するならば，たとえば “1” という記号を 22 個並べて

$$1111111111111111111111$$

と表すことにしてもかまわない（この場合，西暦を用いて年号を表そうとするとどんなことになるかは言うまでもないが）．しかし，いかに使いづらいものであっても，原理的には数の表記として立派に通用する．そして，この表記では

上に述べたたぐいの“特徴”はすべて消滅する．

なにを言いたいかというと,「数の表記」に関連した問題は，あくまでも“表記”に関わるのであって，“数”の性質そのものに関わるのではないということである．したがって，それは「数論」には属さず，むしろ，パズルと考えた方が適切である（これが「数論」の章の中で，わざわざこのような短い節をつくった理由である）．

そうは言っても,「数の表記」に関する問題は我々になじみ深く，素直に楽しめば，それなりに楽しめる．また，問題自身は「数論」ではなくとも，その問題を解くテクニックとしては数論が使われるのだ．そのようなわけで,「数の表記」の問題は数学オリンピック問題として，よく出題されることになる．

それでは,「数の表記」の問題に必要な“予備知識”を述べておこう．それは,

> たとえば，1905 を十進法で表した表記“1905”における各桁の数字“1, 9, 0, 5”の役割は，$1905 = 1 \times 10^3 + 9 \times 10^2 + 0 \times 10 + 5$ における右辺の“係数”である

ということだけである．もし，十進法でなく 7 進法を用いるならば,

$$1905 = 5 \times 7^3 + 3 \times 7^2 + 6 \times 7 + 1 \times 1$$

であることから，右辺の“係数”5, 3, 6, 1 が 1905 の 7 進法による表記“5361”を与えることになる．

— 問題 12. — 日本数学オリンピック予選 1999 [3]

$1991 \leqq n \leqq 1999$ である自然数 n で，次の性質を満たすものすべてを求めよ．

「n の 3 乗 n^3 を一の位から左へ 3 桁ずつに区切ってできる数の和は n に等しい」．

（例）$n = 1990$ としてみると，$1990^3 = 7,880,599,000$．よって 和 $= 7 + 880 + 599 + 000 = 1486 \neq 1990$ で上の性質を満たさない．

[解答] この問題では $1991 \leqq n \leqq 1999$ の各々で n^3 を計算して，求める性

質を持つか否かを確かめることになる．

予選の一問題当たりの平均消費時間は 15 分であることを念頭において，早く正確に計算するにはどうすべきかを考える必要がある．

n^3 の計算には $(1990+m)^3$ か $(2000-m)^3$，ここで $1 \leqq m \leqq 9$，を用いるが，0 の多い 2000 の方が有利のようである．

では，$n = 1999 = 2000 - 1$ から始める．

$$\begin{aligned} n^3 &= (2000-1)^3 \\ &= 8 \times 10^9 - 12 \times 10^6 + 6 \times 10^3 - 1 \end{aligned}$$

十進法での表示と関連づけるためには，“$-$” で項が結ばれていたのではまずいので，“上の位から 1 を借りてくる” 操作をすると，

$$n^3 = (8-1) \times 10^9 + (1000-12) \times 10^6 + (6-1) \times 10^3 + (1000-1)$$

よって $8-1$，$1000-12$，$6-1$，$1000-1$ の 4 つの数に区切られる．つまり，$8-1=7$, $1000-12=988$, $6-1=5$, $1000-1=999$ だから

$$n^3 = 7,988,005,999$$

となる．よって求める和は $8-1+1000-12+6-1+1000-1 = 2000-1$．

以上の計算は一般に書くことができそうである．以下の解答が得られる．

題意を満たす n を $2000-k$ とする，ここで k は $1 \leqq k \leqq 9$ である自然数．

$$\begin{aligned} (2000-k)^3 &= 8 \times 10^9 - 12 \times 10^6 \times k + 6 \times 10^3 \times k^2 - k^3 \\ &= (8-1) \times 10^9 + (1000-12k) \times 10^6 \times k + (6k^2-1) \times 10^3 \\ &\quad +(1000-k^3) \end{aligned}$$

よって，

$$8-1, \quad 1000-12k, \quad 6k^2-1, \quad 1000-k^3$$

の 4 つの数に区切られる．したがって，3 桁ずつ区切った和が $2000-k$ と等しくなるのは

$$8-1+1000-12k+6k^2-1+1000-k^3=2000-k$$

が成り立つとき，つまり

$$k^3-6k^2+11k-6=(k-1)(k-2)(k-3)=0$$

が成り立つときである．よって，$k=1,2,3$ であり，求める n は

$$n=1997,1998,1999$$

Ans. 1997, 1998, 1999

4.2.3 パラメータ表示

第2章で，パラメータ表示について紹介したが，それだけでは多少物足りない感じがする．残念ながら，パラメータ表示に絡んだ数論の問題は1999年，2000年度の日本数学オリンピック予選問題にはないので，代わりに“古典”を扱うことにしよう．

次の例は，パラメータ表示の“御利益”を味わえる古典的な例である．

例 27. 座標平面において，x-座標，y-座標共に有理数である点を**有理点**という．単位円上の有理点の集合

$$\left\{(x,y)\in\mathbb{Q}^2 \mid x^2+y^2=1\right\}$$

から点 $(-1,0)$ を除いた集合は有理数 t をパラメータとして

$$\left\{\left(\frac{1-t^2}{1+t^2},\frac{2t}{1+t^2}\right) \mid t\in\mathbb{Q}\right\}$$

と表される．

このパラメータ表示は「点 $(-1,0)$ を通り y-軸と点 $(0,t)$ で交わる直線が単位円と交わる座標」を計算することにより得られる．これが実際に単位円上の有理点（点 $(-1,0)$ 以外のだが）をすべて網羅していることの検証も含めて，この例の結論を確かめるのはそれほど難しいことではない．余裕があればやっ

てみるとよい．しかし，ここでは，このパラメータ表示からピタゴラス数をいくつかつくって楽しむだけに留めておこう．

上のパラメータ表示に，有理数 t を $t=\frac{b}{a}$ とおいて代入し，整理すると

$$\frac{1-t^2}{1+t^2}=\frac{a^2-b^2}{a^2+b^2}$$
$$\frac{2t}{1+t^2}=\frac{2ab}{a^2+b^2}$$

となり，したがって

$$\left(\frac{a^2-b^2}{a^2+b^2}\right)^2+\left(\frac{2ab}{a^2+b^2}\right)^2=1$$

となるはずである．この等式の分母を払うと

$$(a^2-b^2)^2+(2ab)^2=(a^2+b^2)^2$$

となるが，この等式が成り立つことは直接計算しても簡単に確かめられる．a,b に適当に整数を代入すると，

$$X=a^2-b^2,\quad Y=2ab,\quad Z=a^2+b^2$$

は等式 $X^2+Y^2=Z^2$ を満たす整数，つまり**ピタゴラス数**になる．このようにしてピタゴラス数を大量生産する手段が得られる．

例 28. $a=2, b=1$ と選ぶと $X=3, Y=4, Z=5$ となり $3^2+4^2=5^2$.

また，$a=10, b=7$ とすると $X=61, Y=140, Z=149$ となり

$$51^2+140^2(=2601+19600=22201)=149^2$$

$a=2002, b=777$ とすると $X=3404275, Y=3111108, Z=4611733$ となり

$$3404275^2+3111108^2(=11589088275625+9678992987664$$
$$=21268081263289)=4611733^2$$

コメント

単位円上（ただし $(-1,0)$ を除く）の有理点のパラメータ表示

$$\left\{ \left(\frac{1-t^2}{1+t^2}, \frac{2t}{1+t^2} \right) \mid t \in \mathbb{Q} \right\}$$

において，パラメータ t が有理数だけでなく実数全部を動いてよいとすると，これは単位円（ただし $(-1,0)$ を除く）のパラメータ表示になっている．しかし，単位円のパラメータ表示ならば

$$\left\{ (\cos\theta, \sin\theta) \mid 0 \leqq \theta < 2\pi \right\}$$

もあるわけで（その他にもいくらでもある），こちらの方が単位円のパラメータ表示としては，点 $(-1,0)$ を除く必要もなく優れている．前者のパラメータ表示の決定的利点は，逆にいうならば「t を有理数に制限するだけで，単位円上の有理点のパラメータ表示が得られる」ということなのだ．

5

組合せ論とグラフ

5.1 順列，組合せ

有限集合 X の要素の総数—これを $|X|$ で示す—を求めるには集合 X をいくつかの部分集合 $Y_1, Y_2, \cdots, Y_n$ の **直和**，すなわち

$$X = Y_1 \cup Y_2 \cup \cdots \cup Y_n, \quad \text{ここで任意の} i \neq j \text{ で } Y_i \cap Y_j = \phi$$

に分割し，各々の部分集合 Y_i の要素の個数 $|Y_i|$ の和を求めるのが基本である．これは「X を $Y_1, \cdots, Y_n$ に**場合分けする**」ということであり，個数を数えあげるための基本的手段となる．以下に述べる集合の演算や順列，組合せを用いると，もっと簡単に答えが求まることもある．

5.1.1 順　　列

a. 順　列

いくつかのもの—対象とよぶ—を一列に並べたものを**順列**という．互いに区別できる（互いに相異なる）n 個の対象の順列の総数を考える．まず 1 番目の対象の選び方が n 通りあり，2 番目の対象の選び方が $n-1$ 通りあり，……，最後の対象の選び方が 1 通りある．よってその総数は

$$n! = n \cdot (n-1) \cdot (n-2) \cdot 3 \cdot 2 \cdot 1$$

通りである．

例 29. 8 チームからなるサッカーリーグのシーズン終了時の成績順位は，同順位がないとすると $8! = 40320$ 通りある．

b. n 個から k 個 の順列

相異なる n 個の対象から k 個をとり並べる順列の総数を考える．ここで $k \leqq n$ である．まず 1 番目の対象の選び方が n 通りあり，2 番目の対象の選び方が $n-1$ 通りあり，……，k 番目の対象の選び方が $n-k+1$ 通りある．よってその総数は

$$n(n-1)\cdots(n-k+1) = \frac{n!}{(n-k)!}$$

通りである．

c. 円 順 列

相異なる n 個の対象から k 個をとり，円周上に並べる順列の総数を考える．ここで $k \leqq n$ である．それを適当に回転したものを同じ順列と考えれば，上の場合の数を n で割った

$$(n-1)(n-2)\cdots(n-k+1) = \frac{(n-1)!}{(n-k)!}$$

通りである．

さらに,「円順列を裏返したものも同じとみなす」として**数珠順列**などというものも考えられるのだが，この位になると問題文を誤解の生じないように正確に記述することの方が難問になってくる．

d. 無制限の重複順列

対象が k 個のタイプに分けられて，各タイプに属する対象はいくつもあり互いに区別できないとする．この対象 n 個の順列の総数を考えると，この場合は順列の 1 番目，2 番目，……の要素をそれぞれ k 個のタイプの中から選べるので，

$$k^n$$

通りの順列がある．

例 30. 0 も 6 も含まない 4 桁の正の整数の総数 は 8^4 個である.（同じようだが,「1 も 6 も含まない……」とすると「最高桁が 0 から始まるわけがない」ので，もう少し慎重に数えなければならない.）

e. 制限付きの重複順列

対象が k 個のタイプに分けられているとする．そして，この場合タイプ 1 の対象は n_1 個しかなく，タイプ 2 の対象は n_2 個しかなく，……，タイプ k の対象は n_k 個で，しかもそれら対象の総計は $n_1 + n_2 + \cdots + n_k = n$ であるとする．この場合の対象 n 個の順列の総数を考える．まず n 個の対象に番号をつけるなどして全部異なってるとみなすと，n 個の順列は $n!$ 通りあることになる．ここで再び，各タイプの対象どうしは区別しないことにすると，タイプ 1 の n_1 個の対象を 並べ変えた $n_1!$ 個，タイプ 2 の n_2 個の対象を 並べ変えた $n_2!$ 個，……，タイプ k の n_k の対象を 並べ変えた $n_k!$ 個，全部で $n_1! \cdot n_2! \cdots n_k!$ 個の順列が同じものとみなされることになる．よって，ここで求めている総数は

$$\frac{n!}{n_1!n_2!\cdots n_k!}$$

である．

例 31． "repetition" の文字を用いてできる単語の総数は

$$\frac{10!}{1!1!1!2!2!2!} = 3175200$$

5.1.2 組　合　せ

a. 2 項 係 数

n 個の要素よりなる集合から k 個 $(n \geqq k)$ の要素を取り出してつくれる部分集合の個数を求める．まず n 個の要素から k 個の要素を取り出してつくる順列の個数は $\frac{n!}{(n-k)!}$ である．しかし，ここでは並べた位置は区別しないのだから，k 個の要素よりなる集合の順列の個数 $k!$ で割った

$$\frac{n!}{(n-k)!k!}$$

が求める個数となる．この数を

$${}_nC_k \quad \text{または} \quad \binom{n}{k}$$

で示し，n 個のものから k 個を取り出す**組合せの数**という．これは $(x+y)^n$ を展開したときの $x^k y^{n-k}$ の係数であるので **2 項係数**ともよばれる．ここで，

$$\binom{n}{0} = \binom{n}{n} = 1$$

と定められている．一般に

$$\binom{n}{k}, \quad (0 \leqq k \leqq n)$$

は見かけは分数として定められているが，個数としての意味があるから，正の整数になる．

次の公式が成り立つ．

$$\binom{n}{k} = \binom{n}{n-k}$$

$$\binom{n+1}{k} = \binom{n}{k} + \binom{n}{k-1}$$

$$\sum_{k=0}^{n} \binom{n}{k} = (1+1)^n = 2^n$$

$$\sum_{k=0}^{n} (-1)^n \binom{n}{k} = (1-1)^n = 0$$

b. 重複組合せ

対象が k 個のタイプに分けられていて，各タイプの対象はいくつもあり，互いに区別出来ないとする．この対象から n 個を選ぶ組合せの個数は $\binom{n+k-1}{k-1}$ 通りである．

たとえば，赤玉 R，白玉 W，青玉 B を 7 個選ぶやり方は（つまり，$k=3$，$n=7$ としている）

RRWWWWB

WWWBBBB

など色々考えられる．順番は問題にしていないのだから，いつでも R, W, B の順番で列挙してよい．ここで，R と W，W と B の間に “仕切り” の意味で $k-1$ 個の文字 X を書き込むと

RRXWWWWXB

XWWWXBBBB

となる（R が 0 個のときも "仕切り" を書き込む）．さらに，R, W, B をすべて同じ文字，たとえば "U" に書き換えてしまうと

UUXUUUUXU

XUUUXUUUU

となるが，これだけのデータから上の並べ方が復元できる（最初の X の左の U を R，次の X の左の U を W，最後の X の右の U を B と書き換えればよい）．さて，このような U と X の並べ方の総数は「$n+k-1$ 個のうちのどの $k-1$ 個を X とするか」，つまり，$n+k-1$ の中から $k-1$ を選ぶ選び方の総数

$$\binom{n+k-1}{k-1}$$

である．

例 32. だんご，おはぎ，あめ，たい焼きを売っている店で，この 4 種類のものを 7 個買うときの買い方は

$$\binom{7+4-1}{4-1} = \binom{10}{3} = 120 \text{ 通り}$$

5.2 その他のテクニック

「組合せ論」のなかで順列組合せは比較的まとまった流れの話だが，やっかいなことに「組合せ論」には，こういったまとまった "理論"（他には，たとえば母関数の理論などがある）だけでなく，個別のテクニックがやたらに多い．ここでは，そのような立ち入った話題は専門書にゆずって，**包除原理**と "有名な" **鳩の巣原理**を紹介するに留めておこう．

5.2.1 包 除 原 理

有限集合 P に対して k 個の性質 $P_1, P_2, \cdots, P_k$ を考える．性質 $P_i, \cdots, P_j$ を持つ P の部分集合を $P_i \cap \cdots \cap P_j$ で示す．すると，$P_1, P_2, \cdots, P_k$ のどの

性質をも持たない P の要素の個数は以下のようになる．

$$\begin{aligned}&|P|-(|P_1|+|P_2|+\cdots+|P_k|)\\&+(|P_1\cap P_2|+|P_1\cap P_3|+\cdots+|P_{k-1}\cap P_k|)\\&-(|P_1\cap P_2\cap P_3|+\cdots+|P_{k-2}\cap P_{k-1}\cap P_k|)+\cdots\\&+(-1)^k|P_1\cap P_2\cap\cdots\cap P_k|\end{aligned}$$

ここで，$P_1, P_2, \cdots, P_k$ の可能な組合せがすべて現れ，性質の個数が偶数個のときプラス $(+)$，奇数個のときマイナス $(-)$ の符号を持つ．この定理は，以下のようにも述べられる．

定理 11（**包除定理**） r 個の有限集合 $A_1, A_2, \cdots, A_r$ に対して，次の等式が成り立つ．

$$\begin{aligned}|A_1\cup A_2\cup\cdots\cup A_r| = &\sum_i |A_i| - \sum_{1\leqq i<j\leqq r}|A_i\cap A_j|\\&+\sum_{1\leqq i<j<k\leqq r}|A_i\cap A_j\cap A_k|+\cdots\\&+(-1)^{r-1}|A_1\cap A_2\cap\cdots\cap A_r|\end{aligned}$$

一般的に記述したが，本当のところ，これでは何をいっているかよくわからない．また，このような，一般形が必要になることも，あまりない．重要なのは，特に r があまり大きくないときの個別の形である．$r=2,3,4$ のケースを調べておこう．

例 33. $r=2$ の場合

$$|A_1\cup A_2| = |A_1|+|A_2|-|A_1\cap A_2|$$

例 34. $r=3$ の場合

$$\begin{aligned}|A_1\cup A_2\cup A_3| = &|A_1|+|A_2|+|A_3|\\&-(|A_1\cap A_2|+|A_1\cap A_3|+|A_2\cap A_3|)\\&+|A_1\cap A_2\cap A_3|\end{aligned}$$

例 35. $r=4$ の場合

$$
\begin{aligned}
&|A_1 \cup A_2 \cup A_3 \cup A_4| \\
&= |A_1| + |A_2| + |A_3| + |A_4| \\
&-(|A_1 \cap A_2| + |A_1 \cap A_3| + |A_1 \cap A_4| + |A_2 \cap A_3| + |A_2 \cap A_4| + |A_3 \cap A_4|) \\
&+(|A_1 \cap A_2 \cap A_3| + |A_1 \cap A_2 \cap A_4| + |A_1 \cap A_3 \cap A_4| + |A_2 \cap A_3 \cap A_4|) \\
&-|A_1 \cap A_2 \cap A_3 \cap A_4|
\end{aligned}
$$

これで，一般形の意味する所も推測できると思う（しかし，$r=5$ の場合を書いてみる気力は起こらないと思うが）．包除原理は（特に r が小さいケースで）確率の問題などで，しばしば暗黙の知識として用いられている．

5.2.2 鳩の巣原理

鳩の巣原理は，あまりにも有名な“原理”である．数学オリンピック問題の解説でも，よく「この問題は鳩の巣原理で解決される」といったことが書かれている．それでは鳩の巣原理を知らなければ解けない問題があるかというと，そんなことはない．“原理”といっても必要になればその場で思いつくような“原理”だからである．また，問題のヒントに「この問題は鳩の巣原理で解かれる」と書いてあったとしても，大抵の場合，まったく役に立たない．鳩の巣原理に持ち込むまでのプロセスが難しいケースがほとんどだからである．

それでは,「鳩の巣原理など知っていても何の役にも立たない」となるのかというと，それも違う.「鳩の巣原理という言葉でまとめておくと，問題に向かう心の姿勢が明確になる」とでもいったところだろうか．やはり，それなりの効能はあるのだ．

定理 12（**鳩の巣原理**）N 羽の鳩を k 個の巣に入れる．$N>k$ であれば少なくとも 1 つの巣には 2 羽以上の鳩が入る．また $N>km$ $(m \in \mathbb{N})$ であれば少なくとも 1 つの鳩の巣には，少なくとも $m+1$ 羽の鳩が入る．

何故これが原理とよばれるかと思うほど簡単な定理で証明は不要であろう．もちろん，この原理の考え所は，問題に応じて，どのような鳩の巣をつくるかという点にある．

例題 1. 6 人が会議に出席した．するとこの 6 人のうちのある 3 人は互いに知り合いであるか，あるいは互いにまったく知らない人どうしであることを証明せよ．ただし，どの 2 人も互いに知り合いであるか，互いに知らないかのいずれかであるとする．

［解答］ 出席者の 1 人を A とする．残りの 5 人を A と知り合いか否かで 2 組に分ける．すると，鳩の巣原理（5 人の“鳩”が“知り合い”，“知り合いでない”という 2 つの“巣”に入る）により，いずれかの組が 3 人以上を含んでいる．

- まず A と知り合いでない人が 3 人（以上）いる場合を考える．

  もしこの 3 人（以上）のどの 2 人も知り合いであれば，その中の 3 人が，“互いに知り合いである 3 人”となる．

  この 3 人のうちのある 2 人が知り合いでなければ，これらの 2 人と A をあわせた 3 人が“互いに知り合いでない 3 人”となる．

- 次に A と知り合いである人が 3 人（以上）いる場合を考える．

  もしこの 3 人（以上）のどの 2 人も知り合いでないならば，この中の 3 人が“互いに知り合いでない 3 人”となる．

  この 3 人のうちのある 2 人が知り合いであれば，これらの 2 人と A をあわせた 3 人が“互いに知り合いである 3 人”となる．

5.3　組合せ論の問題

それでは，ここまでの知識でアプローチのできる問題にチャレンジしてみよう．

5.3.1　素朴な解法—とにかく数える

部分集合の直和に分けて，場合分けして「とにかく数える」ということは，組合せの問題の“基本中の基本”であろう．

— 問題 13. — 日本数学オリンピック予選 1999 [1]

10 円玉，50 円玉，100 円玉がそれぞれ十分多くある．これらのうちから何個か（0 個のものがあってもよい）取り出して，その合計金額を 1000 円とする方法は何通りあるか．

[解答]　この問題は 10 円玉と 50 円玉と 100 円玉で，1000 円をつくる組合せの問題である．

まず一番金額の多い 100 円玉を何個使うかによって場合を分ける．100 円玉は 0 個，1 個，$\cdots$，$\frac{1000}{100} = 10$ 個を使うことができるので，場合の数は 11 個である．これら 11 個の各々の場合における 1000 円のつくり方の個数を求めてみる．

100 円玉 0 個の場合　50 円玉は 0 個，1 個，$\cdots$，$\frac{1000}{50} = 20$ 個のどの個数でも使うことができる．そして使った 50 円玉の合計金額と 1000 円との差額だけ 10 円玉を使えばよい．よってこの場合の 1000 円のつくり方は 21 個である．

100 円玉 1 個の場合　50 円玉は 0 個，1 個，$\cdots$，$\frac{1000-100}{50} = 18$ 個のどの個数でも使うことができる．そして使った 50 円玉の合計金額と 900 円との差額だけ 10 円玉を使えばよい．よってこの場合の 1000 円のつくり方は 19 個である．

⋮

100 円玉 9 個の場合　50 円玉は 0 個，1 個，$\cdots$，$\frac{1000-900}{50} = 2$ 個のどの個数でも使うことができる．そして使った 50 円玉の合計金額と 100 円との差額だけ 10 円玉を使えばよい．よってこの場合の 1000 円のつくり方は 3 個である．

100 円玉 10 個の場合　50 円玉は 0 個，また 10 円玉も 0 個である．よってこの場合の 1000 円のつくり方は 1 個である．

以上から求める 1000 円のつくり方の総計は

$$S = 21 + 19 + \cdots + 3 + 1$$

通りである．これは初項 $a_1 = 1$， 公差 $d = 2$ の等差数列 $\{a_n = 2n - 1\}$ の a_1 より a_{11} までの $n = 11$ 項の和であるから，公式を用いて

$$S = \frac{n}{2}\{2a_1 + (n-1)d\} = 121$$

Ans. 121

コメント [1]

「とにかく数える」といっても，それなりに“うまいへた”はでてくる．仮に,「100 円を何枚使うか」ではなく,「10 円を何枚使うか」から始めたとすると，わざわざ問題を難しくして解いているような羽目になる．

コメント [2]

上の解答では 11 通りのそれぞれについてつくり方を数を数えるという素朴な方法をとったが，一般に「100 玉を k 枚使うとき」として k の式として数えるのも簡単である．また，1000 円の場合に限らず，一般化した結果を得ることも難しくないだろう．しかし，数学オリンピックのような“競技”では，要求されているケースについての答えを得さえすればよいのだから，ベストな解法を取らなくとも，とにかく解いてしまえばよい．とかく本に書いてある解答は，“十分に時間をかけて吟味したエレガントな解答”になりがちだが，実際には金メダル級の選手でも，“ださくても確実な方法”を選んでいることが多い．

これからの問題では特に，解答を読む前に自分で解いてみることが重要である．解答をいきなり読むと「なぜこんなことを思いつくことができるのか！」という印象を受け，自信をなくすおそれがある．しかし，そのような解答は時間が十分ある状況で考えた解答なのである．独力で解いてみると意外に，長くても単調な議論で解けるケースが多いことに気づくはずだ．自分で解いた後で“エレガントな解答”をみるならば，余裕を持って応対することができると思う．

逆に，独力で解けたからといって，“エレガントな解答”を無視するのもまずい．“エレガントな解答”に接していると，そのうちに，“エレガントな解答”が当たり前のことのように第一感として浮かんでくる可能性もあるからだ．

5.3.2 アイデア

— 問題 14. — 日本数学オリンピック予選 **2000** [4]

一歩で1段，2段，または3段を登れる人が，7段の石段を登る．何通りの登り方があるか．ただし途中で下りたり，足踏みしたりはしないものとする．

[解答] n についての漸化式をつくる．

n 段の石段を登るときの登り方を f_n 通りとする．$n \geqq 3$ のとき，最後の一歩で場合分けをすると，

- 最後の一歩が1段登りのとき，残りの $n-1$ 段の登り方は f_{n-1} 通り．よって，この場合の登り方の数は f_{n-1} 通り．
- 最後の一歩が2段登りのとき，同様にして f_{n-2} 通り．
- 最後の一歩が3段登りのときは，f_{n-3} 通り．

よって

$$f_n = f_{n-1} + f_{n-2} + f_{n-3} \qquad (n \geqq 3)$$

という漸化式ができる．ここで初期条件は

$$f_0 = 1, \quad f_1 = 1, \quad f_2 = 2$$

である（0段は登らないという1通りだけである）．これを用いて，順次計算していくと，

$$f_3 = 4, \quad f_4 = 7, \quad f_5 = 13, \quad f_6 = 24, \quad f_7 = 44$$

よって，7段の石段の登り方は44通り． **Ans. 44**

コメント

この問題は色々なアプローチで解くことができる．そもそも，せっかく制限重複組合せなど，ずいぶん準備したのに，これまでまったく使われてないので心外に感じるかもしれないが，漸化式というアプローチをとらずに直接計算するならば，それらの道具が活躍することになる．また，それらの使い方

にも腕の差が出てきて，解答を得るスピードにも差がつく．しかし，最も早くて確実な解法は，この漸化式を用いる解答であろう．

— 問題 15. — 日本数学オリンピック予選 2000 [7]

自然数 n に対して， $0 \leqq x < x+y < y+z \leqq n$ を満たす整数の組 (x, y, z) の総数を求めよ．

コメント

この問題についても,「比較的小さな n で実験をして感触を掴みながら，一般の解を目指す」というアプローチは可能である．しかし，この問題で奇異に感じられるのは,「問題に意味がなく，多少“作為的な設定”という印象がする」という点である．ということは……逆に，この“作為的な設定”にこそ，解法のヒントが隠されているのでは？

［解答］ 与えられた条件に現れる，x, $x+y$, $y+z$ をそれぞれ u, v, w とおくと，与えられた条件は

$$0 \leqq u < v < w \leqq n$$

となる．また，連立方程式

$$\begin{cases} x & = & u \\ x+y & = & v \\ y+z & = & w \end{cases}$$

を解くと

$$\begin{cases} x & = & u \\ y & = & -u+v \\ z & = & w+u-v \end{cases}$$

となるので，(u, v, w) に対して (x, y, z) が唯一つ定まる．よって，条件 $0 \leqq x < x+y < y+z \leqq n$ を満たす整数 x, y, z と，条件 $0 \leqq u < v < w \leqq n$ を満たす整数 u, v, w は 1 対 1 に対応する．（第 2 章の用語でいえば，$X = \{(x, y, z) | 0 \leqq x \leqq x+y < y+z \leqq n\}$，$U = \{(u, v, w) | 0 \leqq u < v < w \leqq n\}$

で，$f(x,y,z)=(x,x+y,y+z)$ とすると，全単射な写像 $f:X\to U$ が定まる.）条件 $0\leqq u<v<w\leqq n$ を満たす整数 u,v,w は 0 から n までの $n+1$ 個の整数のなかから 3 つを選ぶ組合せだけ存在するので，求める答えは

$$_{n+1}C_3=\frac{n(n^2-1)}{6}$$

Ans. $\dfrac{n(n^2-1)}{6}$

コメント

出題者が想定しているのは，おそらく，この解答であろう．しかし，自分で解いてみた人の多くは，x,y,z の可能性を数える道を選んだのではないだろうか．それでもよい．解答は長くなるだろうが，自分で納得できる方針ならば，それを押し通すことも大事である．また，いつでも "エレガントな解答" が "よい解答" であるとも限らない．"エレガントな解答" だと，その問題にしか通用しないけれど，"正面攻撃" の解答だともっと広い範囲の問題に拡張できパワフルだ，というケースもあるのだ．なにはともあれ，大事なことは，"解答を得る" ということだ．

— 問題 16. — 日本数学オリンピック予選 2000 [10]

1 か 2 か 3 の数字が書かれたカードがそれぞれ十分たくさんある．その中からそれぞれの数字のカードを奇数枚ずつ合計 1999 枚を選び，一列に並べる．この方法は何通りあるか．

コメント

"奇数枚ずつ" という条件さえなければ，とても易しい問題になる．なんとか，この "易しい問題" と関連づけられないだろうか？

［解答］ 1 か 2 か 3 の数字が書かれたカードから（奇数枚に限らず）合計 1999 枚を選び，一列に並べる並べ方は，全部で 3^{1999} 通りある．

これらの 3^{1999} 通りの並べ方において，1, 2, 3 の数字のカードについて，その枚数の偶数・奇数のパターンは，偶数を "E"，奇数を "O" で示すと

$$\mathrm{OOO},\ \mathrm{OEE},\ \mathrm{EOE},\ \mathrm{EEO}$$

のいずれかであり，それ以外のパターン（EEE とか OOE など）は合計が奇数 1999 だということからあり得ない．また，OEE，EOE，EEO のパターンそれぞれの並べ方の総数は等しいはずである（なぜならば，数字 $1, 2, 3$ は互いに区別できる 3 つの記号という以外なんの意味もないから）．したがって，

(1) 問題の条件を満たす並べ方（OOO のパターン）の総数を I

(2) 1 か 2 か 3 の数字が書かれたカードから，1 のカードを奇数枚，2 と 3 のカードを偶数枚，計 1999 枚を選び，一列に並べる並べ方（OEE のパターン）の総数を J

とすると，なんの制限も付けずに 1999 枚並べる並べ方の総数 3^{1999} との間に

$$3^{1999} = I + 3J$$

という関係が成り立つ．

それでは，なんとかして，I と J の関係を得られないだろうか．ここで，基本となるアイデアは,「2 のカードを 1 枚だけ 3 のカードに置き換えると，(1) のタイプの並べ方は (2) のタイプに，(2) のタイプの並べ方は (1) のタイプになる」ということである．

しかし，このままでは，“2 のカードが 1 枚もない場合” がまずいし，また，この置き換えは 1 対 1 の対応になっているわけでもない．そこで，これら難点をクリアーする置き換えを工夫することになる．結論は次のようになる．

- (1) のタイプの並べ方の集合を X,
- (2) のタイプの並べ方の集合から，“すべて 1 のカード” という並べ方だけ取り除いた集合を Y

とする（したがって，$|X| = I$, $|Y| = J - 1$）．X から Y への写像 f を次のように定義する．

X の要素 x は，数字 $1, 2, 3$ のカード奇数枚ずつを並べたものであり，数字 $1, 2, 3$ のカードのいずれも 0 枚ではない（0 は偶数だから）．
この並べ方 x を（左から右へ一列に並んでいると考えて）左からチェックしてゆき最初に現れた 1 でないカードを，それが 2 のカードなら 3 に，それが 3 のカードなら 2 に書き換える．

こうしてできた新しい並べ方を $f(x)$ として定めると，$f(x)$ では，2のカード，3のカードは両方とも偶数枚であり，かつ，"2のカードと3のカードの両方とも0枚" ということもないので，$f(x) \in Y$ である．こうして，X から Y への写像 f が定められた．

ここで，$f(x)$ を左からチェックしてゆくと，最初に現れた1でないカードは，上の操作で置き換えたカードである．したがって，このカードを，2のカードなら3，3のカードなら2，と書き換えてやると，元の並べ方 x が復元できる．つまり，集合 Y の要素 y に対して，

> 並べ方 y を左からチェックしてゆき最初に現れた1でないカードを（Y の定義から必ず1でないカードが現れる），2のカードなら3に，3のカードなら2に書き換えて得られる並べ方

を $g(y)$ として定義すると，Y から X への写像 g が得られ，これは f の逆写像である（つまり f は全単射である）．よって，$|X| = |Y|$ であり，

$$I = J - 1$$

であることがわかる．これと

$$3^{1999} = I + 3J$$

より，$3^{1999} = 4I + 3$ が得られる．　　**Ans.** $\dfrac{3^{1999} - 3}{4}$

5.4 グ　ラ　フ

5.4.1 グラフとは

ここで述べるグラフは関数のグラフとは別の概念である．グラフとは有限個の頂点とそのうちの何組かの2頂点を結ぶ辺よりなる図形である．無限個の頂点や辺を考えることや，同じ2頂点を結ぶ辺を複数個考慮したり，ある頂点から出てそこに戻る辺を含むグラフを考えることもある．グラフでは，頂点がどのように辺で結ばれているかだけが問題で，頂点や辺が平面や空間にどのよう

に配置されているかは関係ない．都合上グラフを平面上に描くが，2 つの辺が頂点以外の点で交わってしまっても，その交点は無視し辺は交わっていないと考える．辺を直線で描く必要もない．頂点 P について，P を端点とする辺の本数を P の**次数**という．

例題 2. 7 人が会議に出席した.「この 7 人のうち誰を選んでも，その人と互いに知り合いである人が，ちょうど 3 人いる」ということはあり得るか．ただし，どの 2 人も互いに知り合いであるか，互いに知らないかのいずれかであるとする．

［解答］ 出席者を頂点で示し，知り合いである場合に辺で結びグラフをつくる．すると，7 頂点からなり各頂点の次数が 3 のグラフが存在するか，という問題になる．こういうグラフが存在すると仮定してみる．このとき，7 つの頂点のそれぞれから 3 本の辺が出ていて，1 つの辺は両端の 2 点から“出ている辺”となっているので，このグラフの辺の数は $\frac{3\times7}{2}=\frac{21}{2}$ 本である．しかし，これは整数にはならない．よって，このようなグラフが存在すると仮定することは不可能であり，このようなグラフは存在しない．

a. 彩色グラフ

グラフの各辺あるいは各頂点に色を塗ったものを**彩色グラフ**という．

それでは，鳩の巣原理の所で調べた例題

> 6 人が会議に出席した．するとこの 6 人のうちのある 3 人は互いに知り合いであるか，あるいは互いにまったく知らない人どうしであることを証明せよ．ただし，どの 2 人も互いに知り合いであるか，互いに知らないかのいずれかであるとする．

を，知り合いなら青，互いに知らないなら赤の辺で結ぶと考えて，彩色グラフの言葉で言い換えてみよう．

例題 3. 6 個の頂点を持ち，相異なる 2 頂点は必ず赤，青いずれかの辺で結ばれている彩色グラフを考える．このときグラフの中に，少なくとも 1 つ，赤三角形か青三角形が存在することを証明せよ．

［解答］ 頂点の 1 つを A とする．残りの 5 つの頂点を A と赤の辺で結ばれて

いるか，青の辺で結ばれているかで2組に分ける．すると，鳩の巣原理により，いずれかの組が3つ以上の頂点を含んでいる．

- まず A と赤い辺で結ばれた頂点が3つ（以上）ある場合を考える．

  もしこの3つ（以上）の頂点がすべて青い辺で結ばれているならば，このなかの3つの頂点が青三角形となる．

  この3つの頂点の内のある2つの頂点が赤い辺で結ばれているならば，これらの2つの頂点と A をあわせた3つの頂点が赤三角形を構成する．

- 次に A と青い辺で結ばれた頂点が3つ（以上）ある場合を考える．

  この場合も，“赤”と“青”を入れ替えて考えれば，上と同じことであり，青三角形，もしくは赤三角形が存在する．

慣れてくると，“知り合い”，“知り合いでない”といった日常的な設定より，グラフとしての設定の方が，はるかに考えやすくなってくる．また，日常的設定を離れてグラフの言葉で表現しておくと,「問題の一般化」が考えやすくなる．たとえば，この問題で,「赤，青」で彩色するのではなく,「赤，青，白」の3色で彩色するならばどうなるだろうか？

この場合，“22個の頂点をもつ彩色グラフ”とすれば，赤，青，白のいずれか一色だけで塗られた三角形の存在が証明される.「A 以外の21の頂点を，A と赤，青，白のうちどの色の辺で結ばれているかで，3つの組みに分けると，いずれか1つの組みは7個以上の頂点を含む．まず，A と赤い辺で結ばれた頂点が7個（以上）ある場合，それらのうちのどの2頂点も赤い辺で結ばれていないなら，7個（以上）の頂点を持つグラフの2色での彩色問題に還元される．また，……」，という調子で証明される．それでは,「青，白，黄，赤，緑」の5色なら？　一般に，k 色なら？　といくらでも，問題を一般化してゆくことができる．

b. 一 筆 書 き

グラフが**連結**であるとは，どの2頂点を選んでも，その2点がそのグラフの辺をたどってできる折れ線で結べることである．

連結グラフのある頂点から始めてすべての辺をちょうど一度だけ通り，元の頂点に戻る道が存在する必要十分条件は，そのグラフの頂点の次数がすべて偶数であることである．また，連結グラフで頂点の次数が奇数のものがちょうど 2 つあり，他は偶数であるとする．すると次数が奇数である頂点から始めて他の奇数次数の頂点で終わるように，一筆書きできる（一筆書きの書き方は一通りとは限らない）．これを**オイラーの一筆書き定理**という．

c. 有向グラフ

グラフの各辺を矢印で置き換え，各辺にいずれかの向きを定めたものを**有向グラフ**という．グラフでは "頂点 a と頂点 b を結ぶ辺" を問題にするが，有向グラフでは，その代わりに "頂点 a から頂点 b への辺" を考えることになる．

有向グラフは，抽象的に述べるならば，集合 V と積集合 $V \times V$ の部分集合 E のペア (V, E) のことであり，V の要素を "頂点"，E の要素 (a, b) を "頂点 a から頂点 b への辺" ということになる．

有向グラフの頂点 a, b に対して，その有向グラフの辺の列

$$e_0 = (a_0, a_1), e_1 = (a_1, a_2), e_2 = (a_2, a_3), \cdots, e_{n-1} = (a_{n-1}, a_n)$$

で，$a = a_0$, $b = a_n$ を満たすものが存在するとき "a から b への道が存在する" という．つまり，頂点 a から出発して頂点 b へ，"矢印をたどって行き着くことができる" ということである．

特に，$a = b$ のとき "a から a への道" を**ループ**という．

— 問題 17. — 日本数学オリンピック予選 1999 [12]

n ($\geqq 3$) 個の空港の間に以下の (1), (2), (3) の条件を満たすように直行便を開設するとき，開設の仕方は何通りあるか．

(1) どの相異なる 2 つの空港 A, B の間にも A より B への，あるいは B より A への直行便のどちらか一方を必ず開設する．

(2) A より B への直行便と，B より A への直行便が両方開設されるような 2 つの空港 A, B は存在しない．またどの空港 A でも A より A への直行便はない．

(3) ある空港 C より出発し，直行便を乗りついで，また C に戻って来られる空港 C が少なくとも 1 つ存在する．

コメント

“直行便の開設の仕方” は有向グラフとして表現でき，特に条件 (3) は，“ループが存在する” と言い表すことができる．しかし，ここでは問題文の表現に即して解答を述べてみよう．

［解答］ まず (1)，(2) の条件を満たすような開設の仕方の数は，n 個の空港から任意の 2 つの空港を選んできてその間にどちらかの向きに直行便を設定すればよいので

$$\overbrace{2 \times 2 \times \cdots \times 2}^{{}_nC_2\text{個}} = 2^{{}_nC_2}$$

通りある．

そして求める開設の仕方の数は，上の場合の開設の仕方の数から “条件 (1)，(2) を満たし (3) を満たさないような開設の仕方” の数を引いたものである．そこで，“条件 (1)，(2) を満たし (3) を満たさないような開設の仕方” を数えることにする．まず，そのような開設の仕方” が 1 つ与えられたとする．このとき，その空港からは直行便がどこにも出ていない “どんづまりの空港” が 1 つだけ存在する．なぜならば，

- もし，“どんづまりの空港” が存在しないならば，どこかの空港から出発して直行便を乗り継いで行く旅を永遠に続けることができ，条件 (3) を満たさないことから，その永遠の旅の途中で同じ空港に 2 度立ち寄ることはない．しかし，空港の数は有限個しかないので，これは不可能．よって，“どんづまりの空港” が存在する．
- A_1 を “どんづまりの空港” とするとき，A_1 の他の空港から，（条件 (1) により）A_1 への直行便が存在する．
- したがって，A_1 の他の空港は “どんづまりの空港” ではなく，“どんづまりの空港” は 1 つだけ存在する．

ここで，空港 A_1 と A_1 への直行便をすべて取り除いてしまうと，$n-1$ 個の空港の間の “条件 (1)，(2) を満たし (3) を満たさないような開設の仕方” が得られる．上と同じ議論により，ここでも “どんづまりの空港” が 1 つだけ存在

するので，それを A_2 で表すことにする．

さらに，空港 A_2 と A_2 への直行便をすべて取り除いてしまい，そこでの"どんづまりの空港"を A_3 とし，と以下同様の議論を続けると，空港の列

$$A_1, A_2, A_3, \cdots, A_n$$

が得られ，任意の i, j，ただし，$1 \leqq i, j \leqq n$，に対して

$$i < j \iff A_j \text{ から } A_i \text{ への直行便が存在する} \quad \cdots\cdots(*)$$

となる．つまり，"条件 (1)，(2) を満たし (3) を満たさないような開設の仕方"から空港の列 $A_1, A_2, \cdots$ が定められ，また，逆に空港の列 $A_1, A_2, \cdots, A_n$ を与えると，それに対して (*) により直行便の開設の仕方を決めてやると，これは"条件 (1)，(2) を満たし (3) を満たさないような開設の仕方"となる．よって，n 個の空港を $A_1, A_2, \cdots, A_n$ として一列に並べる並べ方の数 $(= n!)$ だけ"条件 (1)，(2) を満たし (3) を満たさないような開設の仕方"は存在する．よって，求める答えは，

$$2^{{}_nC_2} - n! \quad \text{通り}$$

である．　**Ans.** $2^{{}_nC_2} - n!$

— **問題 18.** — 日本数学オリンピック予選 1999 [5]

次の規則に従って得点するゲームを考える．

「サイコロを 1 回振って，1，2，3 のいずれかが出れば 2 点，4，5 のいずれかが出れば 1 点，6 が出れば 0 点を得る」．

サイコロを繰り返し n 回振って，得点の合計が k になる確率を $p_n(k)$ と表す．

$$\frac{p_n(n+k)}{p_n(n-k)} \qquad (0 \leqq k \leqq n)$$

をできるだけ簡単な式で表せ．

［解答］ $\frac{p_n(n+k)}{p_n(n-k)}$ という式はあまり美しくないので，まず，問題を少し変形して「サイコロを 1 回振って，1，2，3 のいずれかが出れば 1 点，4，5 のいずれ

かが出れば 0 点，6 が出れば -1 点を得る」とし，サイコロを繰り返し n 回振って，得点の合計が k になる確率を $q_n(k)$ と表すことにする．こうすると，$p_n(n \pm k) = q_n(\pm k)$ となるので，$\frac{q_n(k)}{q_n(-k)}$ を求めればよいわけだ．この方が，分母と分子に“対称性”があり，きれいな形である．

しかし，まだ，1 点を得る確率 $\frac{1}{2}$，0 点を得る確率 $\frac{1}{3}$，-1 点を得る確率 $\frac{1}{6}$ と，正負でバランスが崩れているので，まず，$\frac{1}{2}$ と $\frac{1}{6}$ の相乗平均 $\frac{1}{2\sqrt{3}}$ を L とおいて，

$$1\text{ 点を得る確率 } L\sqrt{3},\ 0\text{ 点を得る確率 } \frac{1}{3},\ -1\text{ 点を得る確率 } \frac{L}{\sqrt{3}}$$

としてやると，正負でなにやら意味ありげなバランスが出てくる．これだけ細工しておいてから，$\frac{q_n(k)}{q_n(-k)}$ を計算する．

1,2,3 のいずれかが出ることを○，4,5 のいずれかが出ることを △，6 が出ることを×で表すことにする．○△○× $\cdots$ のような目の出方で，○ が α 個，△が β 個，×が γ 個，ただし，$\alpha - \gamma = k$，となるものを，1 つ固定して考える．これにより獲得する点数は k であり，このような目の出方が起きる確率は

$$\begin{aligned}(L\sqrt{3})^{\alpha}\left(\frac{1}{3}\right)^{\beta}\left(\frac{L}{\sqrt{3}}\right)^{\gamma} &= L^{\alpha+\gamma}\left(\frac{1}{3}\right)^{\beta}\left(\sqrt{3}\right)^{\alpha-\gamma} \\ &= L^{\alpha+\gamma}\left(\frac{1}{3}\right)^{\beta}\left(\sqrt{3}\right)^{k}\end{aligned}$$

である．一方，この○△○× $\cdots$ における○を×に，×を○に書き換えてやると，これにより獲得する点数は $-k$ 点で，これの起きる確率は（α と γ が入れ替わるので）

$$L^{\alpha+\gamma}\left(\frac{1}{3}\right)^{\beta}(\sqrt{3})^{-k}$$

したがって，両者の確率の比の値は 3^k である．これは他の目の出方でも，○の個数と×の個数の差が k であるかぎり成り立つことなので，求める確率の比の値は 3^k である． **Ans.　3^k**

この章で述べた題材は，組合せ理論とかもっと一般には離散数学とよばれる分野に属していて，コンピューターサイエンスと深く関連した興味深い分野である．

6

幾　　　何

幾何学には，古代ギリシャの**ユークリッド幾何**，三角関数を用いる**三角法**，そしてデカルトによる座標を用いる**解析幾何**（これにはベクトルなどが加わって強力な手法となっている）などがある．

6.1　平　面　幾　何

6.1.1　ユークリッド幾何の定理

ここではまずユークリッド幾何の定理を証明なしに述べる．周知の定理は省いたり名前だけを述べた．

しかし，ユークリッド幾何の力をつける一番よい方法は，これらの定理の証明をしっかりと学ぶことである．これが遠まわりにみえても最も効率がよい——「幾何学に王道はない」．ユークリッド幾何のまとまった本としては

鈴木晋一：『幾何の世界』（シリーズ〈数学の世界〉6），朝倉書店 (2001)

があるので，数学オリンピックを目指す読者はぜひ読んでほしい．

$\triangle ABC$ の頂点 A, B, C の対辺をそれぞれ a, b, c，外接円の半径を R，内接円の半径を r で示す．また，誤解の生じる可能性のない場合は，$\triangle ABC$ で $\triangle ABC$ の面積を表すことにする．

定理 13（**角の 2 等分定理**）$\triangle ABC$ の $\angle A$ の内角，外角の 2 等分線と直線 BC との交点をそれぞれ P, Q とすると

$$\frac{AB}{AC} = \frac{BP}{PC} = \frac{BQ}{QC}$$

定理 14（アポロニウスの定理）　点 P を $\triangle ABC$ の辺 BC の中点とすると

$$AC^2 + AB^2 = 2AP^2 + \left(\frac{BC}{2}\right)^2$$

定理 15（メネラウスの定理）$\triangle ABC$ と直線 l がある．l と直線 BC, CA, AB との交点をそれぞれ D, E, F とする（これらは A, B, C と異なるとする．またここで線分の長さは $QS = -SQ$ と向きを付ける）．すると

$$\frac{BD}{DC} \cdot \frac{CE}{EA} \cdot \frac{AF}{FB} = -1$$

逆に D, E, F が直線 BC, CA, AB 上の（A, B, C と異なる）点で上の式を満たすと，点 D, E, F は一直線上にある．

定理 16（チェバの定理）　$\triangle ABC$ と点 O がある．直線 AO, BO, CO と直線 BC, CA, AB との交点をそれぞれ D, E, F とする（これらは A, B, C と異なるとする．またここで線分の長さは $QS = -SQ$ と向きを付ける）．すると

$$\frac{BD}{DC} \cdot \frac{CE}{EA} \cdot \frac{AF}{FB} = 1$$

逆に D, E, F が直線 BC, CA, AB 上の（A, B, C と異なる）点で上の式を満たすと，直線 AD, BE, CF は一点で交わるか，互いに平行である．

定理 17. $\triangle ABC$ の内接円の半径を r とすると

$$2\triangle ABC = r(a+b+c), \quad r = \frac{\triangle ABC}{s}, \quad s = \frac{1}{2}(a+b+c)$$

$$r = 4R \sin\frac{A}{2} \sin\frac{B}{2} \sin\frac{C}{2}$$

$$R = \frac{abc}{4\triangle ABC}$$

定理 18（モーリーの定理）$\triangle ABC$ の隣接する各角の 3 等分線の交点は正三角形の頂点である．

定理 19（スチュアートの定理）$\triangle ABC$ の辺 BC 上の点を P とする．$AP = p, BP = m, PC = n$ とおくと

$$a(p^2 + mn) = b^2 m + c^2 n$$

定理 20（三角形のオイラー線の定理）外心 O，重心 G，垂心 H はオイラー線とよばれる直線上にあり $OG : GH = 1 : 2$ である．

定理 21（シムソン線の定理）$\triangle ABC$ の外円上の点より直線 BC, CA, AB 上へ下ろした垂線の足はシムソン線とよばれる直線上にある．

定理 22（アポロニウスの円）与えられた 2 点への距離の比が一定である点の軌跡は円または直線である．

定理 23（トレミー定理）四辺形 $ABCD$ が円に内接する必要十分条件は

$$AB \cdot CD + BC \cdot CD = AC \cdot BD$$

定理 24（軸定理）$\triangle ABC$ の直線 BC, CA, AB の上にそれぞれ任意に点 D, E, F をとる．すると $\triangle AEF, \triangle BFD, \triangle CDE$ の 3 つの外接円は一点を共有する．

その他，円周角の定理や方べきの定理などがあるが，これらはよく知っていると思う．さらに，三角形の五心，つまり三角形の**重心**，**垂心**，**内心**，**外心**，**傍心**などについても定義と基本的な性質を確認しておくとよい．

三角関数に関連とした定理では次の正弦定理・余弦定理が基本となる．

定理 25（正弦定理）　$\triangle ABC$ の 外接円の半径を R とすると

$$\frac{a}{\sin A} = \frac{b}{\sin B} = \frac{c}{\sin C} = 2R$$

定理 26（余弦定理）　$\triangle ABC$ で以下が成り立つ．

$$a^2 = b^2 + c^2 - 2bc\cos A$$

6.1.2 2 次 曲 線

xy-平面上で $ax^2+bxy+cy^2+dx+ey+f=0$ で定義された曲線を **2 次曲線**という．ただし，係数によっては，2 直線，2 重直線，点，空集合になることもあるので，通常それらは除外しておく．その仮定のもとで，2 次曲線は

$$b^2-4ac<0 \text{ のとき} \textbf{楕円}$$

$$b^2-4ac=0 \text{ のとき} \textbf{放物線}$$

$$b^2-4ac>0 \text{ のとき} \textbf{双曲線}$$

とよばれる．これらは，大学で学ぶように，適当に平行移動と回転を行うと，それぞれ

$$\frac{x^2}{a^2}+\frac{y^2}{b^2}=1$$

$$y^2=4ax$$

$$\frac{x^2}{a^2}-\frac{y^2}{b^2}=1$$

という形に変換できる．

2 次曲線 $ax^2+bxy+cy^2+dx+ey+f=0$ 上の点 (x_0, y_0) における接線の方程式は

$$2ax_0x+b(x_0y+xy_0)+2cy_0y+d(x+x_0)+e(y+y_0)+2f=0$$

である．

また，2 次曲線の外の点 (x_0, y_0) から 2 次曲線に引いた 2 本の接線と，2 次曲線の接点を T, T' とする．このとき，直線 TT' の方程式も，接線の方程式と同じになる．この直線を**極** (x_0, y_0) に関する**極線**という．

a. 楕 円

楕円は，2 定点 F, F' からの距離の和が一定値 $2a$ である点 P の軌跡である．実際，$F=(c, 0), F'=(-c, 0)$ の場合，この軌跡の方程式は

$$\frac{x^2}{a^2}+\frac{y^2}{a^2-c^2}=1$$

となることが,

$$PF+PF'=\sqrt{(x-c)^2+y^2}+\sqrt{(x+c)^2+y^2}=2a$$

を変形して得られる．$b^2=a^2-c^2$ $(a \geqq b>0)$ とすれば，標準形になる．$(-a,0)$ と $(a,0)$ を結ぶ線分を**長軸**，$(0,-b)$ と $(0,b)$ を結ぶ線分を**短軸**という．長軸と短軸をあわせて**主軸**という．a を**長半径**，b を**短半径**といい，$\frac{c}{a}=\frac{\sqrt{a^2-b^2}}{a}$ (<1) を**離心率**という．F, F' を**焦点**という．この楕円の面積は πab である．もちろん円は楕円の特別な場合である．

楕円の周上の点 $P=(x_0, y_0)$ における接線の方程式は,

$$\frac{x_0x}{a^2}+\frac{y_0y}{b^2}=1$$

で表される．これは焦点と結ぶ $\angle FPF'$ の外角を2等分する．したがって，1つの焦点 F から出た光線は，楕円の周で反射するとすべて他の焦点 F' に集まる．

b. 双　曲　線

2定点 $F=(-c,0)$, $F'=(c,0)$ からの距離の差が一定値 $2a$ である点の軌跡は,

$$\frac{x^2}{a^2}-\frac{y^2}{c^2-a^2}=1$$

である．$b^2=c^2-a^2$ とおいて標準系にしたとき，$y=\pm\frac{b}{a}x$ を**漸近線**，F, F' を**焦点**，原点を**中心**，$(a,0)$ と $(-a,0)$ を**頂点**という．$\frac{c}{a}=\frac{\sqrt{a^2+b^2}}{a}$ (>1) を**離心率**という．

c. 放　物　線

定点 $F=(c,0)$ と直線 $x=-c$ からの距離が等しい点 P の軌跡は

$$y^2=4cx$$

となる．F を**焦点**，$x=-c$ を**準線**という．焦点から出た光が放物線に反射すると，x 軸に平行に進む．$y=ax^2$ の形を放物線の標準形にとることも多い．

— 問題 19. — 日本数学オリンピック予選 1999 [6]

3 辺の長さがそれぞれ $AB=4,\ BC=6,\ AC=5$ の三角形 ABC の辺 BC 上に点 P をとり，P より 2 辺 AB, AC へ下ろした垂線の足をそれぞれ M, N とする．M, N 間の距離を最小にするような P の位置を P_0 としたとき BP_0 の長さを求めよ．

コメント

四角形 $AMPN$ において，$\angle AMP=\angle ANP=90°$，つまり，$\angle AMP+\angle ANP=180°$ となると，"円に内接する四角形" で迫るのが第一感であろう．

［解答］ $\angle AMP=\angle ANP=90°$ より四角形 $AMPN$ は円に内接し，AP はその直径である．正弦定理により，直径 AP は

$$AP=\frac{MN}{\sin A}\left(=\frac{NA}{\sin B}=\frac{AM}{\sin C}\right)$$

で与えられるので，MN は AP に比例する．よって，AP が最小のとき MN も最小になる．AP が最小になるのは，AP が BC の垂線になるときである．このときの BP を x とすると

$$AP^2=AB^2-BP^2=4^2-x^2=AC^2-PC^2=5^2-(6-x)^2$$

よって，$x=\dfrac{9}{4}$

Ans. $\dfrac{9}{4}$

このように初等幾何から出発する解答が最も簡単だと思うが，好みによっては "座標を使って腕力で計算する" というアプローチもよいだろう．

たとえば，点 B を原点に，点 C を x 軸上の点 $(6,0)$ にとり，点 P の座標を $P=(x,0)$ とおく．また，点 A は第 1 象限にとることにする．このとき

(1) 条件 $AB=4,\ AC=5$ から点 A の座標を求める．

(2) 点 A の座標から，直線 AB の方程式を求める．

(3) 点 M の座標を x を用いて表す．

(4) 同様に，直線 AC の方程式を求めて，点 N の座標を x を用いて表す．

(5) MN は x の関数として表される．

(6) この関数が最小値をとる x を求める．

という方針で進めばよい．3 点 A, B, C を座標平面にとるやり方の巧拙により計算の繁雑さは変わってくるが，いずれにしても，決して簡単な計算ではない．しかし,「うまいアイデアを探し求めるよりも，たとえ長くとも確実な道を選ぶ」というのも現実的な戦略かもしれない．

— 問題 20. — 日本数学オリンピック予選 1999 [8]

三角形 ABC で $\angle A = 60°$, $\angle B = 20°$, $AB = 1$ のとき，$\frac{1}{AC} - BC$ の値を求めよ．

コメント

座標軸を導入して解析幾何学的に計算で処理しようとしても，この場合はなかなかうまくいかない．

[解答] 直線 AC 上に，$\angle AEB = 60°$ となるような点 E をとる．このとき $\triangle AEB$ は正三角形である．次に線分 CE 上に，$\angle CBF = 20°$ となる点 F をとる．$BC = x$, $AC = y$ とすると $EF = y$, $BF = x$.

角の 2 等分線定理 「$\triangle ABF$ において，$\angle B$ の 2 等分線と辺 AF との交点を C とすると，$AC : CF = AB : BF$ である.」

により，$AC : CF = AB : BF = 1 : x$．よって，$CF = xy$．また $AE = AC + CF + EF = 1$ より，$2y + xy = 1$．よって，$\frac{1}{y} - x = 2$．

Ans. 2

— 問題 21. — 日本数学オリンピック予選 2000 [11]

四角形 $ABCD$ があり，$AD /\!/ BC, \angle ABC = \angle BDC = \frac{1}{2}\angle ACB$ であり，直線 BD は $\angle ABC$ の 2 等分線になっているとする．このとき $\angle ABC$ を求めよ．

［解答 1］　$\angle DAC$ の 2 等分線と直線 BC との交点を E，$\angle DAE$ の 2 等分線と直線 CD との交点を F とする．また，$\angle ABC = 2\alpha$ とおけば，図のように角度が定まる．

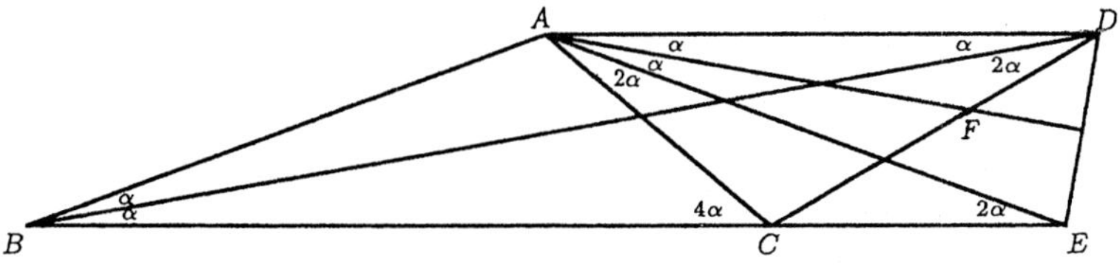

$\angle ABD = \angle ADB = \alpha$ より $AB = AD$，$\angle ABE = \angle AEB = 2\alpha$ より $AB = AE$，よって $\triangle ADE$ は二等辺三角形である．……①

さらに $\angle CAE = \angle CEA = 2\alpha$ なので $CA = CE$．……②

$\triangle CAD$ と $\triangle CFA$ について，$\angle C$ が共通，$\angle ADC = \angle FAC = 3\alpha$ なので 2 角一致より $\triangle CAD$ と $\triangle CFA$ は相似．よって $CA^2 = CF \cdot CD$．……③

②，③ より $CE^2 = CF \cdot CD$．よって $\triangle CED$ と $\triangle CFE$ は相似．よって $\angle CDE = \angle CEF$ である．……④

① より $\triangle ADE$ は二等辺三角形なので直線 AF に対して対称である．よって $\angle ADF = \angle AEF = 3\alpha$．……⑤

④，⑤ より $\angle CDE = \angle CEF = \angle CEA + \angle AEF = 2\alpha + 3\alpha = 5\alpha$．よって $\angle ADE = 3\alpha + 5\alpha = 8\alpha$．$\triangle ADE$ は頂角が $\angle DAE = 2\alpha$，底角が $\angle ADE = 8\alpha$ の二等辺三角形なので $2\alpha + 8\alpha + 8\alpha = 180°$．ゆえに $\alpha = 10°$．$\angle ABC = 2\alpha = 20°$．

Ans.　20°

いかにも平面幾何の問題らしい巧妙な解答である．このような問題となると，座標と三角関数で迫るのは難しそうだが，倍角や 3 倍角の公式などを使いこなせば，解けないわけではない．

［解答 2］　点 B が原点，点 A の座標が $(x_A, 1)$ $(x_A > 0)$，点 C の座標が $(x_C, 0)$，点 D の座標が $(x_D, 1)$ となるように座標を導入する．

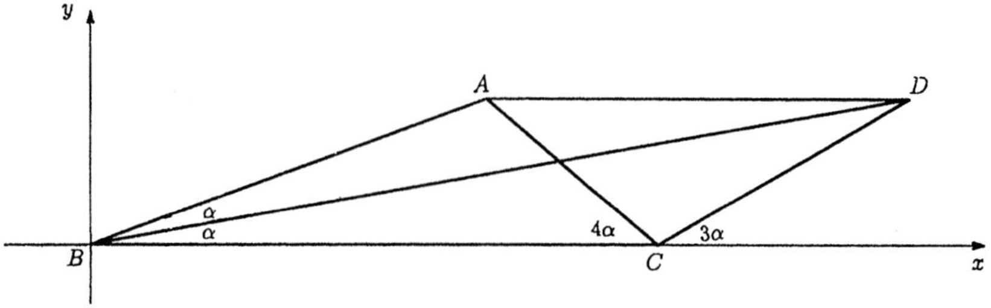

$\angle ABC = 2\alpha$ より $x_A = \frac{1}{\tan 2\alpha}$，$\angle ACB = 4\alpha$ より $x_C - x_A = \frac{1}{\tan 4\alpha}$，$\angle ADC = 3\alpha$ より $x_D - x_C = \frac{1}{\tan 3\alpha}$．一方，$\angle DBC = \alpha$ より $x_D = \frac{1}{\tan\alpha}$．以上より，

$$\frac{1}{\tan\alpha} = \frac{1}{\tan 2\alpha} + \frac{1}{\tan 3\alpha} + \frac{1}{\tan 4\alpha} \cdots\cdots ①$$

である．(ただし，$\theta = (90 + 180n)^\circ$ に対して $\frac{1}{\tan\theta}$ は 0 を表すものとする.)

また，$\triangle ACD$ の 2 つの内角の大きさが $\angle ADC = 4\alpha$，$\angle ADC = 3\alpha$ なので $4\alpha + 3\alpha < 180^\circ$．よって $0 < \alpha < \frac{180^\circ}{7}$． ……②

以下，方程式①を解く．$t = \tan\alpha$ とおくと，tan の加法定理などより，$\frac{1}{\tan\alpha} = \frac{1}{t}$，$\frac{1}{\tan 2\alpha} = \frac{1-t^2}{2t}$，$\frac{1}{\tan 3\alpha} = \frac{1-3t^2}{3t-t^3}$，$\frac{1}{\tan 4\alpha} = \frac{1-6t^2+t^4}{4t-4t^3}$ である．よって，

$$\begin{aligned} ① &\iff \frac{1}{t} = \frac{1-t^2}{2t} + \frac{1-3t^2}{3t-t^3} + \frac{1-6t^2+t^4}{4t-4t^3} \\ &\iff 4(1-t^2)(3-t^2) = 2(1-t^2)^2(3-t^2) + 4(1-t^2)(1-3t^2) \\ &\qquad\qquad + (3-t^2)(1-6t^2+t^4) \\ &\iff 1 - 33t^2 + 27t^4 - 3t^6 = 0 \cdots\cdots ③ \end{aligned}$$

ここで，$t^2 = \tan^2\alpha = \frac{1-\cos 2\alpha}{1+\cos 2\alpha}$ なので $c = \cos 2\alpha$ とおけば，

$$\begin{aligned} ③ &\iff 1 - 33\,\frac{1-c}{1+c} + 27\left(\frac{1-c}{1+c}\right)^2 - 3\left(\frac{1-c}{1+c}\right)^3 = 0 \\ &\iff (1+c)^3 - 33(1+c)^2(1-c) + 27(1+c)(1-c)^2 - 3(1-c)^3 = 0 \\ &\iff -8 - 48c + 64c^3 = 0 \\ &\iff 16(-3\cos 2\alpha + 4\cos^3 2\alpha) = 8 \end{aligned}$$

$$\Longleftrightarrow \cos 6\alpha = \frac{1}{2} \quad (\because \cos \text{の三倍角の公式})$$

$$\Longleftrightarrow 6\alpha = (60+360n)^\circ, (300+360n)^\circ \quad (n \text{は整数})$$

$$\Longleftrightarrow \alpha = (10+60n)^\circ, (50+60n)^\circ \quad (n \text{は整数}) \cdots\cdots ④$$

この④が方程式①の解である．これらの解のうち，条件②を満たすものは $\alpha = 10^\circ$ の場合だけである．ゆえに，$\angle ABC = 2\alpha = 20^\circ$.

6.2 空 間 幾 何

6.2.1 ベ ク ト ル

a. 空間ベクトル

$\vec{v}$ は3個の実数 x, y, z の順序対 (x, y, z) であり，x, y, z はこのベクトル $\vec{v}$ の成分という．空間の原点 $(0, 0, 0)$ から空間の点 (x, y, z) へゆく有向線分を点 (x, y, z) の位置ベクトルという．

ベクトル $\vec{v}$ の大きさ（絶対値）を

$$|\vec{v}| = \sqrt{x^2 + y^2 + z^2}$$

で定める．$|\vec{u}| = 1$ であるベクトルを単位ベクトルという．$\vec{i} = (1, 0, 0)$, $\vec{j} = (0, 1, 0), \vec{k} = (0, 0, 1)$ はそれぞれ空間の正の x, y, z- 軸を示す特別な単位ベクトルである．

以下で $\vec{a} = (x_1, y_1, z_1)$, $\vec{b} = (x_2, y_2, z_2)$, $\vec{c} = (x_1, y_3, z_3)$, $\vec{x} = (x, y, z)$ とする．

b. 内　　積

ベクトル $\vec{a}, \vec{b}$ の内積 $\vec{a} \cdot \vec{b}$ を

$$\vec{a} \cdot \vec{b} = x_1 x_2 + y_1 y_2 + z_1 z_2$$

として定める．$\vec{a}, \vec{b}$ の間の角を θ とすると

$$\vec{a} \cdot \vec{b} = |\vec{a}||\vec{b}| \cos\theta$$

となる．

c. 直線のベクトル方程式

位置ベクトル $\vec{a},\vec{b}$ である2点を通る直線の方程式は

$$\vec{x}=\vec{a}+t(\vec{b}-\vec{a}), \quad t\in\mathbb{R}$$

d. 平面のベクトル方程式

位置ベクトル $\vec{a}$ である点を通りベクトル $\vec{n}$ を法線ベクトルとする平面の方程式

$$(\vec{x}-\vec{a})\cdot\vec{n}=0 \quad \text{あるいは} \quad \vec{x}\cdot\vec{n}=\vec{a}\cdot\vec{n}$$

$\vec{n}=(a,b,c)$ とすると上式は $ax+by+cz+d=0$ となる．

この平面に点 $\vec{c}$ より引いた垂線の長さは

$$\frac{|(\vec{a}-\vec{c})\cdot\vec{n}|}{|\vec{n}|}$$

として求められる．

2つの平行な平面 $\vec{x}\cdot\vec{n}=k_1$ と $\vec{x}\cdot\vec{n}=k_2$ 間の距離は

$$\frac{|k_1-k_2|}{|\vec{n}|}$$

となる．

6.2.2 空間ベクトルの外積

$\vec{a}=(x_1,y_1,z_1)$, $\vec{b}=(x_2,y_2,z_2)$ の内積

$$\vec{a}\cdot\vec{b}=x_1\cdot x_2+y_1\cdot y_2+z_1\cdot z_2$$

$\vec{a},\vec{b}$ の外積あるいはベクトル積

$$\vec{a}\times\vec{b}=(y_1z_2-z_1y_2, z_1x_2-x_1z_2, x_1y_2-y_1x_2)=\begin{vmatrix}\vec{i} & \vec{j} & \vec{k}\\ x_1 & y_1 & z_1\\ x_2 & y_2 & z_2\end{vmatrix}$$

を定義する．ここで $\vec{i}=(1,0,0)$, $\vec{j}=(0,1,0)$, $\vec{k}=(0,0,1)$ である．行列式について知らないならば，無視して2番目の式を定義と考えればよい．

$\vec{a}$ と $\vec{b}$ の交角を θ とすると，$\vec{a}\cdot\vec{b}=\|\vec{a}\|\|\vec{b}\|\cos\theta$.

ベクトル積 $\vec{a}\times\vec{b}$ はその絶対値は $\|\vec{a}\|\|\vec{b}\|\sin\theta$ で，$\vec{a}$ と $\vec{b}$ の両方に垂直でその向は，$\vec{a}$ から $\vec{b}$ へと右ネジを回したときのネジの進む方向である．ベクトル積 $\vec{a}\times\vec{b}$ の絶対値は $\vec{a},\vec{b}$ のつくる平行四辺形の面積に等しい．

内積・外積と直交・平行は次のように関連している．

$$\vec{a}\perp\vec{b}\Longleftrightarrow\vec{a}\cdot\vec{b}=0,\quad \vec{a}/\!/\vec{b}\Longleftrightarrow\vec{a}\times\vec{b}=\vec{O}$$

行列式について知っているならば，次の公式も，“体積” の意味づけとして知っておくとよい．

$\vec{a}=(x_1,y_1,z_1)$, $\vec{b}=(x_2,y_2,z_2)$, $\vec{c}=(x_3,y_3,z_3)$ の**スカラー三重積**を

$$\vec{a}\cdot(\vec{b}\times\vec{c})=\vec{b}\cdot(\vec{c}\times\vec{a})=\vec{c}\cdot(\vec{a}\times\vec{b})=\begin{vmatrix} x_1 & y_1 & z_1 \\ x_2 & y_2 & z_2 \\ x_3 & y_3 & z_3 \end{vmatrix}$$

と定義すると，$\vec{a}$, $\vec{b}$, $\vec{c}$ からつくられる平行六面体の “体積” に等しい．ここで，“体積” と引用符つきで述べたが，これは，この値が負となることもあるからである（正確には，スカラー三重積の絶対値が体積となる）．

外積を使うと簡潔に表される公式もある．

位置ベクトルが $\vec{a},\vec{b}$ である 2 点を通る直線に点 $\vec{c}$ より引いた垂線の長さは

$$\frac{|(\vec{a}-\vec{c})\times(\vec{b}-\vec{c})|}{|\vec{b}-\vec{a}|}$$

点 $\vec{a}$ を通るベクトル $\vec{u}$ の方向の直線と，点 $\vec{b}$ を通るベクトル $\vec{v}$ の方向の直線間の距離（両直線上の点を結ぶ線分のなかで最短のものの長さ）

$$\frac{|(\vec{a}-\vec{b})\cdot(\vec{u}\times\vec{v})|}{|\vec{u}\times\vec{v}|}$$

a. 多面体

いくつかの面で囲まれた有界（十分大きな 2 次元球面の中に含まれていること）な立体図形を**多面体**という．その面は多角形であり，面と面との交わりが

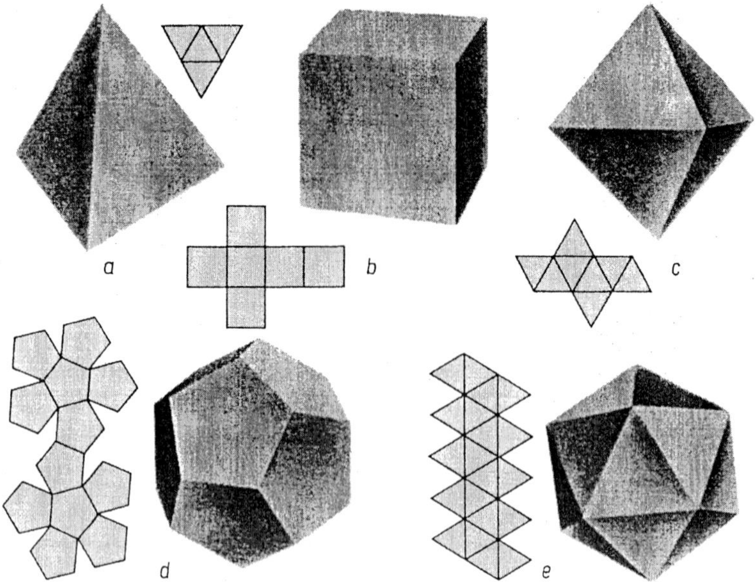

面の形	n	v	f	e	正多面体
正三角形	3	4	4	6	正四面体
正方形	3	8	6	12	正六面体
正三角形	4	6	8	12	正八面体
正五角形	3	20	12	30	正十二面体
正三角形	5	12	20	30	正二十面体

n は 1 つの頂点に会する面の数，v は頂点の数，f は面の数，e は辺の数を表す．

正多面体とその展開図．(a) 正四面体，(b) 正六面体，(c) 正八面体，(d) 正十二面体，(e) 正二十面体（『図説数学の事典』，p.284，朝倉書店による）

辺，辺と辺との交点が**頂点**である．多面体では，辺のことを**稜**ともいう．

すべての面が合同な正多角形であって，各面の中心を通る垂線がすべて同じ点で交わるような多面体を**正多面体**という．正多面体は凸図形である．

正多面体には上図に示したような 5 種類がある．

b. 閉曲面のトポロジー

20 世紀初頭にアンリー・ポアンカレ（Henri Poincaré）はトポロジーという新しい幾何学を創立した．この幾何学は一般の図形の比較的おおまかな性質を研究するもので，その一分野である位相空間論は現代数学の基礎を成している．

線や面の図形に限ってトポロジーを直感的に述べると，線や面はゴムのような弾性のあるものと考えて，切ったりくっつけたりしない限り，自由に曲げたり伸ばしたり縮めたりして形を変えても同じものとみなす．

多面体の表面を**閉曲面**という．閉曲面 F を多角形（曲がっていてもよい）のいくつかの面と，それらの面と面との交わりの辺（曲線分でもよい）と，また辺と辺との交点である頂点とに分割（**三角形分割**）する．そのときの面の個数を e_2，辺の個数を e_1，頂点の個数を e_0 とするとき

$$\chi(F) = e_2 - e_1 + e_0$$

は三角分割の仕方によらず一定である．

オイラーの公式　閉曲面 F が凸多面体の表面のときには

$$\chi(F) = e_2 - e_1 + e_0 = 2$$

が成り立つ．

一般の多面体の表面である閉曲面 F では

$$\chi(F) = e_2 - e_1 + e_0 = 2(1 - g)$$

を満たす非負整数 g が定まる，この g を閉曲面 F の**種数**という．

例 36. 凸多面体の表面や球面の種数 $g = 0$ である．閉曲面トーラスや 2 重トーラスの種数はそれぞれ $g = 1, 2$ である．

このようなトポロジーの知識が数学オリンピックで必要だというわけではない．しかし，多少は現代数学へ結びつく雰囲気を味わっておくのも悪くはないのでは？

それでは，数学オリンピック問題に戻ることにしよう．

— 問題 22. — 日本数学オリンピック予選 1999 [10]

一辺の長さ 1 の正二十面体の最も長い対角線の長さを求めよ.

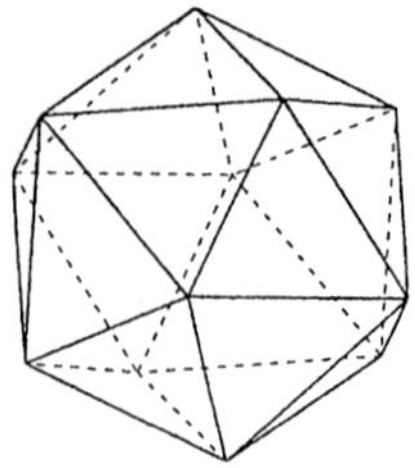

[解答]　正二十面体のちょうど反対側の 2 辺 AB, CD に注目すると，AC は明らかに最も長い対角線の 1 つである．四角形 $ABCD$ は対称性より長方形であり，また BC と AD は長さが等しく，それらは一辺の長さが 1 の正五角形の “対角線” である.

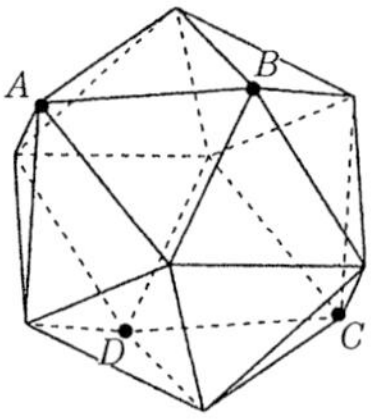

そこで，一辺の長さ 1 の正五角形 $PQRST$ の対角線 PR の長さ x を求めればよい．これは高校の教科書でも sin 18° の値などに関連して説明されているように $x = \frac{1+\sqrt{5}}{2}$ である.

よって，$BC = AD = \frac{1+\sqrt{5}}{2}$ である．よって，最も長い対角線の長さ AC は

$$\sqrt{1^2 + \left(\frac{1+\sqrt{5}}{2}\right)^2} = \sqrt{\frac{5+\sqrt{5}}{2}}$$

Ans. $\sqrt{\frac{5+\sqrt{5}}{2}}$

— 問題 23. — 日本数学オリンピック予選 1999 [4]

一辺の長さが 1 の立方体 $ABCD$–$EFGH$ を，対角線 AG を含む平面で切断するとき，切り口の面積の最小値を求めよ．

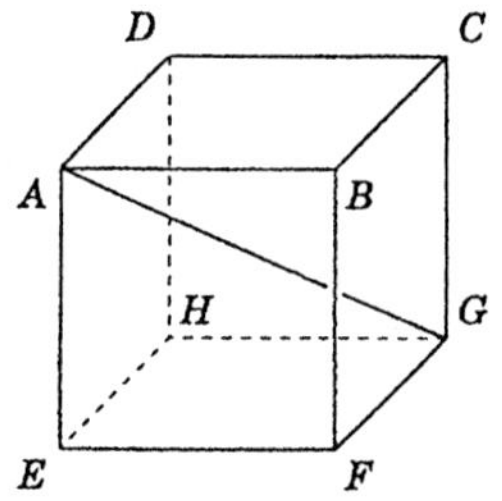

［解答］ まず，AG を含む平面を AG を軸として回転するとき，それが立方体をどのように切断するかを，ひたすら観察する（試験のときには不可能なことだが，最初は手近な立方体を手にとって考えてみるのがよい）．そのうちに次のことがみえてくるはずである．

まず，記号を準備しておく．

- 線分 EF, FB, BC, CD, DH, HE をこの順に結んだ折れ線からなる "ループ" を l で表すことにする（集合として書くならば，$l = EF \cup FB \cup BC \cup CD \cup DH \cup HE$）．
- 立方体の中心（対角線 AG の中点）を M で表し，
- l 上の点 P の点 M についての点対称な点を Q で表すことにする．
- このとき，Q も l 上の点であり，4 点 A, P, G, Q は同一平面上にある．
- この平面を $L(P)$ で表すことにする．

このように記号を定めておき，次のように "観察" を進める．

(1) 四角形 $APGQ$ は " $ABCD$–$EFGH$ を，AG を含む平面 $L(P)$ で切断したときの切り口" となる．

(2) さらに点 P が，点 E を出発して l 上を点 F 方向へ進み，l 上を一周

して出発点 P に戻るとき，平面 $L(P)$ もそれにつれて回転して 1 周する．

(3) したがって,「点 P が l 上を動くとき $\triangle APG$ の面積が最小になるのはいつか？」という問題を解けばよい．

(4) これは,「P と線分 AG の距離が最小になるのはいつか？」がわかればよく，

(5) そのためには「点 P から AG へ引いた垂線が,（EF, FB, BC, CD, DH, HE のうち）P を含む線分と直交するのはいつか？」という問題がわかればよい．

(6) この問題の答えが「P がそれを含む線分の中点であるとき」ということは，“対称性” をよく考えればわかる．

点 P がいずれかの線分の中点であるときには，

$$AP = \sqrt{1^2 + \left(\frac{1}{2}\right)^2} = \frac{\sqrt{5}}{2}, \quad AM = \frac{\sqrt{3}}{2}$$

であり，対称性により P から AG に引いた垂線は中点 M で AG と交わるので，$PM = \sqrt{AP^2 - AM^2} = \frac{1}{\sqrt{2}}$ であり，

$$\text{四角形 } APGQ \text{ の面積} = 2\triangle APG = AG \times AM = \frac{\sqrt{6}}{2}$$

Ans. $\dfrac{\sqrt{6}}{2}$

確かに日本数学オリンピック予選は解答のみ答えればよく，証明は必要ないので，この本の解説も “観察して見抜く” で済ましてもよさそうだが，“観察” もこのレベルとなると簡単に “見抜くことができる” では抵抗を感じると思う．そもそも，“証明は必要ない” のどうのこうの言う以前に，正しいかどうかも怪しいのではないだろうか？　それでは，“観察” に頼らず計算などの論証だけで議論が進められればよいのだが，得てしてこの問題のような立体がらみの問題では，どうしても，図形に対する直感的理解に頼らないとやっていられない場

合が多い．おそらく，上の (1)，(2) などは，実質的に “見ればわかる” 以上の根拠をうまく表現するのは難しいであろう．しかし，幸いなことに，おそらく最も “……となることがわかりづらい”(6) は，計算で済ますことも可能である．そのためには，まず，P がどの線分上にあるかで場合分けをする．これも “対称性についての直感” がはたらけば，“どれか 1 つの線分について検討すれば後は同じ” ということ（数学で，よく「一般性を失うことなしに点 P は BF 上にあると仮定してよい」という表現をする）を “見抜く” こともできる．これに頼らない場合でも，せめて,「EF, FB, BC について調べれば，残りは P と Q の役割を入れ替えて考えれば同じなので省略してよい」ということだけは使うことにしよう．したがって，3 つの場合について検討する．それでは，P が EF 上にある場合について，(6) が成り立つことを確認しよう．

まず，頂点 E を原点 $(0,0,0)$ とし，$F(1,0,0)$, $H(0,1,0)$, $A(0,0,1)$ となる座標系を用いる．最も簡単なのは，直線と直線の距離の公式

> 点 $\vec{a}$ を通るベクトル $\vec{u}$ の方向の直線と，点 $\vec{b}$ を通るベクトル $\vec{v}$ の方向の直線間の距離は
>
> $$\frac{|(\vec{a}-\vec{b})\cdot(\vec{u}\times\vec{v})|}{|\vec{u}\times\vec{v}|}$$

を，$\vec{a}=(0,0,1)$, $\vec{b}=(1,0,0)$, $\vec{u}=(1,1,-1)$, $\vec{v}=(0,0,1)$ として用いる方法であり，これから 2 直線の距離 $\frac{1}{\sqrt{2}}$ が求められる．この値が，線分 BF の中点と直線 AG の距離 $\frac{1}{\sqrt{2}}$ に等しいことから，線分 BF の中点が AG との距離の最小値を与えることがわかる（結果的には，(6) を経由することなくいきなり，P が BF にあるとしての (4) の答えが得られたことになる ）．同様に計算して，P が EF や BC にあるケースについても，それぞれの線分の中点が（その線分の中での）最小値 $\frac{1}{\sqrt{2}}$ を与えることが示される．よって，それぞれの線分の中点が (4) の解を与えることが確認された．

— 問題 24. — 日本数学オリンピック予選 2000 [5]

図のような一辺の長さ 1 の立方体 $ABCD$–$EFGH$ があり，辺 CD の中点を K，辺 DH の中点を L，辺 EF の中点を M，辺 FB の中点を N とする．八面体 A–$KLMN$–G の体積を求めよ．

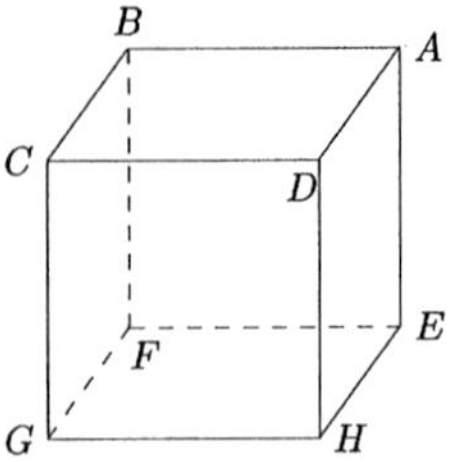

[解答] 辺 EH の中点を P，辺 BC の中点を Q とすれば，$KLPMNQ$ は正六角形であり，立方体の超対角線 AG と直交する．よって四辺形 $KLMN$ は長方形であり，線分 AG と直交する．$KL = \frac{1}{\sqrt{2}}$, $LM = \frac{\sqrt{3}}{\sqrt{2}}$, $AG = \sqrt{3}$ なので，求める体積は $V = \frac{1}{3}KL \cdot LM \cdot AG = \frac{1}{2}$.

ベクトルを用いて計算することもできる．

対称性により，$KLMN$ は平行四辺形であり，

$$\overrightarrow{AB} = (1,0,0), \quad \overrightarrow{AD} = (0,1,0), \quad \overrightarrow{AE} = (0,0,1)$$

となるように正規直交座標系をとると，

$$\overrightarrow{KL} = \left(-\frac{1}{2}, 0, \frac{1}{2}\right), \quad \overrightarrow{KN} = \left(\frac{1}{2}, -1, \frac{1}{2}\right), \quad \overrightarrow{AG} = (1,1,1)$$

なので，内積を計算することにより，これら 3 つのベクトルが互いに直交することがわかる．よって求める体積は

$$V = \frac{1}{3}|\overrightarrow{KL}| \cdot |\overrightarrow{KN}| \cdot |\overrightarrow{AG}| = \frac{1}{2}$$

となる．

Ans. $\frac{1}{2}$

コメント

体積 V は公式により求めたが，ベクトルの外積を利用して，

$$V = \frac{1}{3}|(\overrightarrow{KL} \times \overrightarrow{KN}) \cdot \overrightarrow{AG}| = \frac{1}{2}$$

と計算することもできる．

あとがき

この本ではとにかく，なりふりかまわずに，問題をどのように考えて解答を得るかというアイデアの実例を述べました．

こうした問題への挑戦は山登りに喩えることができるでしょう．頂上への道はいくつもあるでしょうし，山によってその登り方もさまざまでしょう．問題への挑戦も，一般的な問題は特殊化して観察する，たとえば三角形の問題は二等辺三角形とか正三角形ではどうかと観察してみてアイデアを掴むとか，また 2003 個のものに対する問題など特殊なものは，逆に一般化して n 個の問題とみて背理法を使ってみるとか，また，さらに特殊化して $n=1,2,3$ の場合を調べて，これから帰納法で証明するとか等々，ほとんど無限のアイデアが用いられます．これらのアイデア（発想力）は問題を実際に自分で解くことを通じて身につくものです．

そして山登りの要は十分な脚力，体力をつくることでしょう．同様に問題挑戦にはアイデア（発見力＝考える力）を身につけることです．手足の筋肉なら目にみえますが，この考える力は目にみえません．素晴らしい考える力をもっているどんな IMO の金メダリストも，見かけは普通の生徒にすぎません．しかし，この本で述べたような方法で常に自分で問題に挑戦してゆくと，いつも歩いている足に自然に筋肉がつくように，考える力が頭脳についてくるのです．しかも私の観察から，中学・高校生時代に自分で問題に挑戦すると，体の成長に合わせるようにドンドンと考える力は大きく成長してゆくものなのです．ですから，この好時期に JMO や IMO の数学オリンピック問題に挑戦して，たくましい，そして永続性のある考える力を我がものとして下さい．そうすれば将来の大きな発見，発明など（何も数学や自然科学に限る必要はありません）につながると私は信じています．そしてこの宝物を，世界の，日本の，そして貴方の幸せのために大いに役立てて下さい．

それでは，この本に続いて，さらに数学オリンピックに向けた勉強をしたい読者の方のために，いくつかの本を思いつくままにあげておきましょう．

まず,「幾何」については，この本の内容はほんの入り口を紹介しただけのものです.「幾何」は高校の教科書「数学 A」にも書かれてはいるのですが，やはりちょっと物足りない印象です.「幾何」の勉強は，ある程度まとまった本を本腰を入れて勉強するのが，結局は一番の早道です．幸い，本書のシリーズで

鈴木晋一：『幾何の世界』，朝倉書店 (2001)

がありますので，ぜひこの本で「幾何」をマスターして下さい．

また,「数論」は高校の数学とのギャップが，やや大きく取っつきづらかったかもしれません．もう少していねいに書かれた本としては

戸川美郎：『ゼロからわかる数学—数論とその応用—』，朝倉書店 (2001)

があります．この本は,「数論」に限らず，集合と写像という枠組みで数学を展開するスタイルの入門書として最適だと思います．

さて，数学オリンピックに向けての本格的な勉強をするならば，

(財)数学オリンピック財団編：『数学オリンピック事典—問題と解法—』，朝倉書店 (2001)

が決定版でしょう．この本には，IMO，JMO 本選・予選の過去全問題だけでなく，各国の国内数学オリンピック出題問題から良問を選んで，解説と解答が載せられています．また，IMO で必要な予備知識も系統的に解説されています．

以上,「数学オリンピック」をキーワードとして文献を紹介してみましたが，数学オリンピックのそもそもの目的は,「数学の若い才能を見いだし励ますこと」です．みなさんの数学の能力を伸ばし，数学に対する関心を育てるためには，数学オリンピックだけに限定して勉強する必要はありません．トポロジーでも微分幾何学でもガロア理論でも，関心のあるテーマなら何でもよいですから，本格的な数学書に挑戦してみるのもよいと思います．もしかしたら，結果的には，

それが数学オリンピックへ向けての勉強としても最適なのかもしれません.

終わりになりましたが，本書は材料の下ごしらえは私がしましたが，その調理と味付けは名シェフ，東京理科大学教授の戸川美郎氏によるものであり，ここに氏の労苦に対して感謝の意を表します.

2001年9月

野口　廣

索　　引

■ア行
アポロニウスの円　108
アポロニウスの定理　107

1 の n 乗根　50

円順列　86

オイラー線　108
オイラーの公式　51
オイラーの一筆書き定理　102

■カ行
外延的記法　26
外積　116
解析幾何　106
ガウス記号　41
ガウス平面　50
数の表記　79
関数　37

逆写像　34
共通部分　28
極　109
極座標表示　51
極線　109
虚部　48

組合せ　87
グラフ　99

原始 n 乗根　52

格子点　3, 41
合同式　65

■サ行
彩色グラフ　100
三角法　106

軸定理　108
次数　100
自然数　22
実部　48
シムソン線　108
写像　31
周期　35
集合　19
重複組合せ　88
重複順列　86
主軸　110
種数　119
数珠順列　86
順序対　23
準線　110
順列　85
焦点　110

数論　64
スカラー　58
スカラー三重積　117
スチュアートの定理　107

正弦定理 108
整数 22
整数部分 41
整数論 64
正多面体 118
絶対値 115
漸近線 110
線形従属 60
線形性 58
線形独立 60
全射 33
全体集合 29
全単射 33

双曲線 110

■タ行
代数学の基本定理 49
楕円 109
多面体 117
短軸 110
単射 33
短半径 110

値域としての記法 44
チェバの定理 107
中国式剰余定理 74
長軸 110
頂点 99
長半径 110
直積集合 23
直和 85

対 22

トリプル 24
トレミー定理 108

■ナ行
内積 115
内包的記法 27
2 項係数 88
2 次曲線 109

■ハ行
場合分け 85
鳩の巣原理 91
パラメータ表示 45

一筆書き 101

複素数 22, 48
複素数平面 50
不動点 35
部分集合 22

ペア 22
閉曲面 119
ベクトル 58
ベクトル積 116
辺 99
偏角 50

包除定理 90
補集合 29

■マ行
無限集合 22

メネラウスの定理 107

モーリーの定理 107

■ヤ行
有限集合 22
有向グラフ 102
有理数 22
有理点 82
ユークリッド幾何 106

要素 20
——の個数 24
余弦定理 108

■ラ行

離心率　110
稜　118

ループ　102

連結　101

■ワ行

和集合　28

著者略歴

野 口　 廣（のぐち・ひろし）

1925 年　千葉県に生まれる
1948 年　東北大学理学部数学科卒業
現　在　早稲田大学名誉教授・理学博士
　　　　(財)数学オリンピック財団前理事長
主　著『不動点定理』（共立出版）
　　　『カタストロフィー』（サイエンス社）
　　　『図説数学の事典』（朝倉書店，共訳）

シリーズ［数学の世界］7
数学オリンピック教室　　定価はカバーに表示

2001 年 10 月 25 日　初版第 1 刷
2022 年 11 月 25 日　　　第 15 刷

著　者　野　口　　廣
発行者　朝　倉　誠　造
発行所　株式会社　朝　倉　書　店
東京都新宿区新小川町 6-29
郵 便 番 号　162-8707
電　話　03（3260）0141
F A X　03（3260）0180
https://www.asakura.co.jp

〈検印省略〉

三美印刷・渡辺製本

ISBN 978-4-254-11567-3　C 3341　　Printed in Japan